JENNY WILD & PEER CLASSEN

Die Persönlichkeit meines Pferdes

MIT TYPBESTIMMUNG UND PASSENDEN ÜBUNGEN

KOSMOS

Inhalt

DAS KOSTENLOSE EXTRA: DIE KOSMOS-PLUS-APP FÜR DIGITALE ZUSATZINHALTE

Dieses Buch bietet Ihnen weitere Inhalte in Form von ausgewählten Videos, die durch dieses Symbol 123 gekennzeichnet sind.

Und so geht's:

1. Besuchen Sie den App Store oder Google Play
2. Laden Sie die kostenlose App „KOSMOS PLUS" auf Ihr Mobilgerät
3. Öffnen Sie die App und laden die Inhalte für „Die Persönlichkeit meines Pferdes" herunter
4. Auf den Buchseiten mit dem Symbol 123 können Sie sich die Videos ansehen. Dazu geben Sie den dort genannten Code, z. B. 001, in die App ein.

Mehr Informationen finden Sie unter plus.kosmos.de

LERNEN SIE IHR PFERD NEU KENNEN

Ein Sprichwort im Rheinland heißt: „Jeder Jeck ist anders"! Und das gilt natürlich nicht nur für Zweibeiner, sondern auch für unsere Tiere. Um Menschen besser zu verstehen und ihre Talente und Fähigkeiten, aber auch ihre Schwächen besser einschätzen zu können, gibt es inzwischen zahlreiche Modelle, die im Personalmanagement und Coaching Anwendung finden.

In meiner Akupunktur-Ausbildung habe ich das erste Mal von den fünf chinesischen Pferdetypen Milz, Niere, Herz, Lunge und Leber gehört und war fasziniert, wie schnell ich in der Lage war, meine Patienten den einzelnen Typen zuzuordnen. Es hilft mir seitdem sehr bei meiner Arbeit, denn jedem Typ werden neben charakterlichen auch spezielle körperliche Eigenschaften zugeordnet. Je länger ich mich mit dem Thema beschäftigte, desto besser konnte ich meine Kunden beraten und Missverständnisse aus der Welt schaffen. Pauschalisierungen wie „der stellt sich nur an" oder „der braucht mal richtig einen auf den Arsch", gehören seitdem der Vergangenheit an. Stattdessen haben viele meiner Kunden ein Aha-Erlebnis, wenn ich mit ihnen über die speziellen Bedürfnisse und Eigenschaften ihres Pferdes sprechen kann, obwohl ich es erst wenige Minuten kenne.

„Das geht mir an die Nieren", „Mir ist eine Laus über die Leber gelaufen"... Auch in deutschen Sprichwörtern finden sich die fünf chinesischen Pferdetypen wieder und geben uns direkten Aufschluss über den Charakter des jeweiligen Typs. Während bei der Leber die Emotion „Ärger" im Vordergrund steht, sind die Nierchen empfindliche, sensible Pferde. Den Besitzern ist meist nicht klar, welchen Typ sie vor sich haben und auch viele Trainer arbeiten pauschal und nicht individuell. Dabei eröffnet uns die Kenntnis über den Charakter unseres Pferdes neue Wege, Alltag und Training harmonischer und verständnisvoller zu gestalten.

Durch unterschiedliche Quellen wurde ich auch auf Pat Parellis Horsenality aufmerksam und merkte, dass die Einteilung der Pferde meinen gelernten chinesischen Typen ähnelte. Die charakterlichen Besonderheiten eines Pferdes in das Training zu involvieren, ist für mich inzwischen nicht mehr wegzudenken und sollte meiner Meinung nach zum kleinen 1x1 eines jeden Pferdemenschen gehören. Ich freue mich deswegen sehr, dass Jenny und Peer mit ihrem neuen Buch „Die Persönlichkeit meines Pferdes" ein Werk geschaffen haben, das jedem Leser die Tür zur Welt der Persönlichkeiten öffnet und dabei hilft, mehr Verständnis für die einzelnen Besonderheiten zu entwickeln.

Sein Pferd zu nehmen wie es ist, garantiert eine glückliche und zufriedene Partnerschaft.

Die Erkenntnis, dass keine Eigenschaft ausschließlich positiv oder negativ ist, lässt uns verzeihen und schmunzeln. Der zuverlässige, triebige, ruhige Wallach kann jemanden, der ein spritziges, waches Pferd sucht, in den Wahnsinn treiben und dem ängstlichen Reiter Ruhe und Sicherheit geben. Der eine nennt es zuverlässig, der andere langweilig.

Katrin Obst mit Pony Marvin im „Fitnessstudio".

Jede Charaktereigenschaft kann Yin und Yang sein, es liegt immer im Auge des Betrachters. Lernen Sie mit diesem Buch, wie Sie Schwächen Ihres Pferdes minimieren und seine Stärken stärken. Lernen Sie, dass wir alle unterschiedlich sind, unterschiedlich reagieren und unterschiedlich fühlen. Lernen Sie, auch wenn Sie Ihr Pferd schon lange kennen, neu hinzuschauen – für eine zufriedene und glückliche Partnerschaft mit Ihrem Vierbeiner.

Viel Spaß beim Lesen!

Katrin Obst

MENSCHEN — *und Pferde*

DAS WESEN DER PFERDE

Pferde sind einzigartige Wesen. Sie wirken in einer ganz besonderen und anziehenden Art auf uns Menschen. Kaum ein Kind, aber auch nur wenige Erwachsene, können an einer Weide vorbeigehen, ohne zum Zaun zu laufen und die Pferde anzuschauen und wenn möglich sogar zu streicheln. Gerade bei Mädchen erwacht der Wunsch nach einem eigenen Pony schon sehr früh und zieht sich nicht selten durchs ganze Leben. Dahinter steckt die Sehnsucht nach wahrer Freundschaft, echter Verbundenheit und Vertrautheit.

Wenn Kinderträume wahr werden …

Filme und Serien wie Silas, Black Beauty, Immenhof, Fury, der schwarze Hengst und natürlich auch Ostwind, Bibi & Tina oder Wendy, lösen nicht nur in den Mädels viele Sehnsüchte aus. Jenny weiß noch ganz genau, wie sie als Kind vor dem Fernseher gesessen hat und dachte: „Das will ich auch!“ Umso glücklicher kann man wohl sein, wenn viele dieser Kindheitsträume tatsächlich Wirklichkeit werden dürfen, auch wenn die Realität leider häufig nicht ganz so romantisch aussieht wie der Film. Wenn wir Pferde fragen würden, was sie sich von uns Menschen am allermeisten wünschen, dann würden sich die Antworten in gewisser Hinsicht gar nicht so sehr von denen eines Menschen unterscheiden. Denn genau wie wir sind Pferde soziale, denkende und fühlende Individuen. Nach unseren Erfahrungen stünden wohl folgende Wünsche ganz oben auf der Liste: Sicherheit, Ruhe, Stärke, Respekt, Vertrauen, Anerkennung, Verständnis, Geduld, Gefühl. Doch der größte Wunsch von allen wäre sicherlich, verstanden zu werden – in seinem Verhalten und seiner Kommunikation. Und genau dieses Verstehen der Pferde, das Erkennen ihrer Bedürfnisse und die darauf basierende Hilfe, die wir ihnen anbieten können, möchten wir Ihnen mit diesem Buch näher bringen.

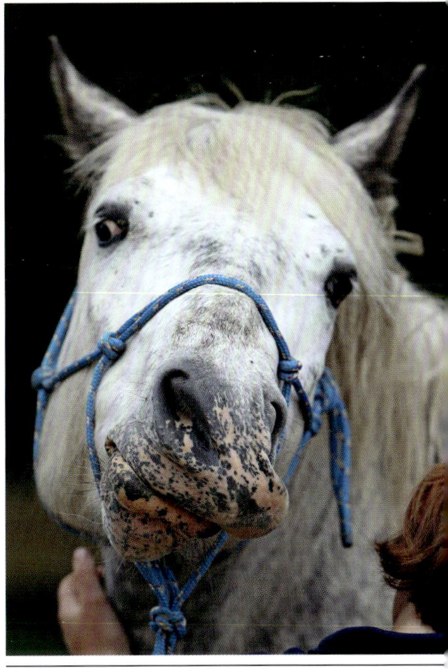

Zum Glück hat es sich mittlerweile herumgesprochen: Pferde sind Charaktertiere.

PFERDE SIND CHARAKTERTIERE

Ebenso wie Menschen besitzen Pferde verschiedene Charaktereigenschaften, die jedes einzelne zu etwas ganz Besonderem machen. Kein Pferd ist wie das andere und ihre Vielfalt und Individualität lässt uns sie lieben, manchmal über sie schmunzeln und manchmal an ihnen schier verzweifeln.

In der freien Natur helfen ihnen ihre unterschiedlichen Veranlagungen innerhalb der Herde, um sich entweder anzupassen und mitzulaufen, oder sich in der Hierarchie nach oben zu arbeiten. Manche Pferde haben auch ein bisschen Glück und ihre Wesenszüge lassen sie das bessere Futter ergattern, oder besonders viele Freunde zum Spielen finden. Andere bleiben leider eher der Prügelknabe, der immer bis zum Schluss hinten anstehen muss.

Auch in unserer Menschenwelt sorgen die jeweiligen Persönlichkeitsmerkmale der Pferde dafür, dass sie sich entweder besser zurecht finden, oder aber immer wieder in Schwierigkeiten geraten. Leider ist meistens Letzteres der Fall. Sie haben es sich nicht ausgesucht, bei uns zu leben. Ihre Lebensumstände hingen und hängen allein von uns ab: Wir möchten sie in unserem Leben haben und sie für unsere Zwecke nutzen, früher für die Arbeit und den Krieg, heute für Sport und Freizeit. Wir möchten sie versorgen, sie reiten oder andere Dinge mit ihnen tun. Genau deswegen ist es unsere Verantwortung, dieses Leben für sie so artgerecht, sicher und zufriedenstellend wie überhaupt nur möglich zu gestalten.

EIN REITER OHNE PFERD...

Überlegen Sie einmal ganz ehrlich, wie viele Entscheidungsfreiheiten wir unseren Pferden geben? Das Spektrum ist schon sehr beschränkt. Eigentlich bestimmen wir geradezu alles über und für sie. Wo sie leben, was, wann und wie viel sie fressen, wie viel Auslauf sie bekommen, ob sie 23 Stunden in der Box stehen, ob sie tagsüber auf den Paddock und/oder auf die Wiese kommen, ob sie im Offen- oder Aktivstall leben und wer ihre Freunde sind. Wir entscheiden außerdem über ihr Arbeitspensum und die Arbeitszeiten, darüber wie sie lernen sollen, welchen Sattel und welches Zaumzeug sie tragen müssen und ob sie ein Sport- oder ein Freizeitpferd sind. Diese Liste könnte vermutlich noch mehrere Seiten füllen. Das ist eine Tatsache, die wir nicht so einfach ändern können, aber trotzdem nicht verdrängen sollten. Wir hoffen sehr, dass dieses Buch etwas an diesem Standard ändern kann – zumindest an ein paar Punkten der langen Liste – und dass wir Sie zum Nachdenken und Umdenken motivieren können, denn die Veränderung beginnt bei Ihnen.

Irgendwo ist natürlich jedem klar, dass die Pferde in hohem Maße auf uns angewiesen sind. Doch man vergisst oft, dass auch wir von den Pferden abhängig sind. Das folgende Sprichwort, das jeder sicher schon einmal irgendwo gehört hat, ist ein schönes Beispiel dafür:

„Ein Pferd ohne Reiter ist immer noch ein Pferd, aber ein Reiter ohne Pferd ist nur ein Mensch."

Das ist ein sehr abgenutztes Sprichwort, aber es steckt eine wichtige Botschaft darin – eine Botschaft, die so offensichtlich und alltäglich ist, dass man sie gerne übersieht. Ganz gleich, was wir mit Pferden tun möchten – im Sattel, am Boden, auf dem Kutschbock, beim Springen, Westernreiten oder mit Zirkuslektionen – wir sind immer und zu 100% auf das Pferd angewiesen. Das Sprichwort macht uns klar: Wir können nichts von all diesen schönen Dingen tun, wenn wir kein Pferd haben. Wir sind dann weder Reiter noch Kutscher, weder Cowboy noch Entertainer.

Motivation heißt, Ja sagen, Ja denken und Ja fühlen.

JA ODER NEIN?

Doch damit nicht genug. Dieses Dilemma gilt nämlich nicht nur für den physischen Teil des Pferdes, sondern auch für die mentale und emotionale Seite. Wenn Ihr Pferd „Nein" sagt, wenn es sich weigert, die Mitarbeit aufkündigt, können Sie ebenfalls nicht das mit ihm tun, was Sie gerne möchten.

Als vernunftbegabte Wesen haben wir Menschen natürlich viele und zweifelsohne auch sehr effektive Wege ersonnen, unser Ziel trotzdem zu erreichen, also ein Pferd so zu händeln, dass es sich weder wehren noch entziehen kann. Die große Zahl an Hilfsmitteln, die es zu diesem Zweck zu kaufen gibt, sind der beste Beweis dafür (und dabei sind das

Ein Pferd ohne Reiter bleibt immer ein Pferd, aber was wären wir Menschen wohl ohne die Pferde?

noch die harmloseren). Doch die Sache hat einen entscheidenden Haken: Nur weil ein Pferd nicht mehr „Nein“ sagen kann, heißt das nicht, dass es nicht mehr „Nein“ denkt und „Nein“ fühlt.

Ein Pferd „Nein“ sagen oder gar denken und fühlen zu hören, fällt den meisten Menschen schwer. Und selbst wenn man es hört, ist es oft schon sehr deutlich und eigentlich schon fast zu spät. Ja, und selbst wenn man es früh genug hört, wird es regelmäßig falsch eingeschätzt, etwa als Faulheit, Widersetzlichkeit oder Anstellerei. Damit möchten wir uns aus der Verantwortung schleichen, denn so geben wir allein dem Pferd die Schuld. Das kann man tun, es bringt nur weder das Pferd noch uns auch nur einen Schritt weiter. Also, bevor Sie aus einem „Nein“ ein „Ja“ machen können, sollten Sie sich andere Hörgewohnheiten aneignen. Sätze wie „Der Anhänger macht mir Angst.“, „Wenn meine Freunde weg gehen, habe ich Sorge, dass sie nicht wieder zurück kommen!“ oder „Als ich letztes Mal galoppieren sollte, hast du mir weh getan!“ sind zwar viel schwerer aus einem „Nein“ herauszuhören, dafür aber näher an der Wahrheit. Das macht sie zu einem weitaus stabileren Ausgangspunkt für gemeinsame Lösungsversuche.

Wir behaupten, nein wir wissen, wenn man sich die Zeit nimmt, die Pferde zum „Ja“-Denken und „Ja“-Fühlen zu ermutigen, werden sie sich automatisch öfter für das „Ja“-Sagen entscheiden. Dann kann man mit ihnen auch alles erreichen, wozu sie in der Lage sind. Entscheidet man sich aber für den Weg, dem Pferd den Mund zu verbieten, schürt man nur den inneren Widerstand und wird nie wirklich auch nur annähernd das bekommen, was man sich erträumt.

Was würde Ihr Pferd wohl tun, wenn es die Wahl hätte?

WAS, WENN PFERDE EINE WAHL HÄTTEN?

Um Pferden zu helfen, sich öfter für ein „Ja“ statt für ein „Nein“ zu entscheiden, müssen wir ihnen auch eine gewisse Entscheidungsfreiheit zugestehen. Die amerikanische Horsemanship-Trainerin Elsa Sinclair hat sich vor diesem Hintergrund zu einem spannenden Projekt entschlossen, das sie in ihrem Film „Taming Wild“ dokumentiert hat. Elsa hat sich die unbequeme Frage gestellt: „Was wäre, wenn Pferde eine Wahl hätten? Würden sie uns reiten lassen?“ Wir finden diese Frage sehr interessant und den Weg, für den sie sich entschieden hat, sehr mutig. Doch er hat sich gelohnt, denn das Ergebnis ist wirklich beeindruckend. Auch Sie können sich diese Frage stellen und ehrlich überlegen, wie Ihr Pferd wohl in vielen Situationen entscheiden würde. Wenn Ihr Pferd eine Wahl hätte:

Würde es beim Äppeln stehen bleiben oder weiterlaufen?
Ist seine vorrangige Gangart der Schritt, der Trab oder der Galopp?
Wäre es gerne eingesperrt oder hätte es gerne mehr Freiheit?
Würde es sich seine Freunde lieber selbst aussuchen?
Würde es ohne Not so viel Energie verpulvern, dass es nicht mehr in der Lage wäre zu flüchten?

Mit diesen und ähnlichen beispielhaften Fragen im Hinterkopf, finden Sie leichter die passende Balance im Umgang mit Ihrem Pferd.

TAMING WILD
https://vimeo.com/ondemand/tamingwildgermandubbed/217439789

PFERDE VERSTEHEN, ERKENNEN UND FÖRDERN

Doch eins nach dem anderen. Zuerst müssen wir lernen, ein „Nein" des Pferdes zu hören und richtig einzuordnen. Das Hinhören, Verstehen und Erkennen ist also der Schlüssel zu einer erfolgreichen Beziehung zum Pferd und bildet deswegen die Basis unserer Ideen und unserer Herangehensweise. Darauf aufbauend möchten wir Ihnen Strategien vermitteln, mit denen Sie jedes Pferd individuell fördern können. Was sich so locker in zwei Sätzen schreibt, ist in Wahrheit nicht so leicht zu vermitteln und sicher sogar noch schwerer zu lernen. Denn dieses Thema, also das Verstehen und sinnvolle Beeinflussen der Pferde, ist ein solch großes und weites Feld, dass man mit dem Lernen und Erklären eigentlich nie fertig wird. Man kann gut und gerne eine ganze Enzyklopädie damit füllen.

Doch es ist nicht nur ein sehr umfangreiches Themengebiet, sondern zu allem Überfluss auch noch ziemlich chaotisch. Damit meinen wir, dass kleine Veränderungen mitunter unvorhersehbare, nicht zu 100 % kontrollierbare Auswirkungen haben können. Sicher gibt es Anhaltspunkte und gewisse Regelmäßigkeiten, nach denen man sich richten und durchaus großen Einfluss auf das Resultat nehmen kann.

Ein Nein kann sich ganz unterschiedlich äußern …

Das Training, oder gar das Verhalten, genau vorausplanen und sich auf feste Konstanten verlassen, kann man jedoch nicht. Anders ausgedrückt: Alles, was zwischen Pferd und Mensch passiert, ist nur sehr bedingt vorhersagbar, aber es ist nachvollziehbar.
Unser Anspruch ist es daher auch nicht, feste Regeln aufzuzeigen, sondern wir möchten, dass das scheinbar undurchschaubare Pferdeverhalten für Sie nachvollziehbar wird. Denn durch all das Chaos schimmert eben trotzdem eine erkennbare Ordnung und die schon erwähnten Regelmäßigkeiten und Gesetze, die uns helfen, uns zurecht zu finden. Doch man darf nicht in starren Mustern verharren, sondern muss flexibel bleiben, und das geht nur, wenn man gut beobachtet und immer wieder Kurskorrekturen vornimmt.
Mit diesem Buch bekommen Sie das nötige flexible Grundgerüst des Pferdeverstehens und der positiven Einflussnahme auf Ihr Pferd an die Hand. Darin finden Sie einige Richtlinien, Orientierungshilfen und beispielhafte Übungen. Wir können Ihnen ein Startpaket schnüren, Sie in die richtige Richtung schubsen, und wir haben die Hoffnung, dass Sie dieses Gerüst danach selbstständig nach Ihren Ambitionen und Vorlieben weiterentwickeln und auffüllen werden.

... Ob klein oder deutlich, ...

... man muss es nur erkennen können.

EIN HORSEMAN OHNE PFERD…

Auch ohne Pferd kann man als Horseman immer noch an seinen Qualitäten feilen, wie hier beim Tanzen etwa an Balance, synchronisierter Körpersprache und Führung.

Die Verantwortung dazu liegt bei Ihnen. Das ist die weniger gute Nachricht. Wir können nicht mit Ihren Augen sehen, mit Ihren Händen wahrnehmen, mit Ihrem Herzen fühlen.
Sie müssen selbst Ihren Blickwinkel erweitern und Ihre Ansätze immer wieder neu überdenken, überprüfen und ggf. nachjustieren – so wie wir das auch ständig tun müssen. Und auch wenn es schwer fällt, werden Sie sich unter Umständen von manchen Mustern und Vorstellungen verabschieden müssen.
Das ist der eigentliche Weg zum echten Horseman! Es geht immer um die Einstellung, um Weiterentwicklung, um einen Perspektivenwechsel. Das hat viel mehr mit der Arbeit an sich selbst zu tun, als mit den Pferden. Und aus diesem Grund würden wir gerne das bekannte Zitat vom Anfang um einen Nebensatz erweitern:
Ein Reiter ohne Pferd ist zwar nur ein Mensch, aber ein Horseman ohne Pferd bleibt immer noch ein Horseman. Schließlich kann man auch ohne Pferd ganz hervorragend an sich selbst arbeiten, seine eigenen Überzeugungen und seinen Standpunkt kritisch hinterfragen, seinen Fokus trainieren, sich seine inneren Bilder bewusster machen und an vielen anderen wichtigen Horseman-Eigenschaften feilen.
Der amerikanische Pferdetrainer Ian Francis hat es einmal so formuliert: „Wenn man an einem Pferd arbeitet, dann wird dieses Pferd besser, wenn man aber an sich selbst arbeitet, wird jedes Pferd besser." Und das ist doch immerhin eine ganz gute Nachricht.

EINE LOHNENSWERTE HERAUSFORDERUNG

Es ist allerdings nicht gerade leicht an sich selbst zu arbeiten. Es ist sogar eine der schwierigsten Prüfungen, denen man sich stellen kann. Man muss sich u. a. mit seinen negativen Emotionen auseinandersetzen. Das ist das Gleiche, was wir so oft von unseren Pferden fordern, da schulden wir es Ihnen, dass wir zumindest den ernsthaften Versuch unternehmen, dies auch von uns selbst zu verlangen. Unsere negativen Gefühle sind in diesem Zusammenhang übrigens nicht nur Wut, Aggression, Hass oder das Bedürfnis zu strafen, sondern auch Traurigkeit, Unsicherheit, Verzweiflung, Mitleid, ein schlechtes Gewissen, Schwäche oder Hilflosigkeit. Die Erstgenannten machen dem Pferd in den meisten Fällen Angst, die anderen lassen uns, aus Pferdesicht gesehen, inkompetent und damit auch nicht vertrauenswürdig wirken. Im Gegensatz dazu helfen Verständnis, Zuneigung, Respekt, Vertrauen, Mitgefühl, Ruhe und Stärke dabei, dem Pferd die Sicherheit zu geben, die es ohne seine Artgenossen und seine sichere Umgebung schnell verliert. Oberstes Gebot sollte es also werden, gleichzeitig ruhig und

Wer Pferde offen und ehrlich wahrnehmen kann hat weit mehr davon, ...

freundlich, aber auch bestimmt zu sein. Dies schafft bei allen Pferden und bei allen Gelegenheiten die Grundlage für Sicherheit, Entspannung und Zufriedenheit.

An sich selbst zu arbeiten ist somit auch einer der lohnenswertesten und hilfreichsten Wege, auf die man sich in seinem Leben machen kann. Das Tollste daran ist, dass Sie durch diesen Prozess in jeder Beziehung Verbesserungen erfahren werden, weil die Arbeit an sich selbst nachhaltig Ihre Einstellung und Ihr Verhalten positiv verändern wird. So etwas fällt nicht nur den Pferden auf, sondern bleibt natürlich auch den Menschen in Ihrem Umfeld nicht verborgen.

WARUM WIR SAGEN, WAS WIR SAGEN

Die Welt aus der Sicht der Pferde zu betrachten impliziert mit ihnen in die gleiche Richtung zu schauen.

Wir haben hier, wie bei unseren anderen Büchern auch, eine etwas umfangreiche Einführung geschrieben. Aber wir tun das aus gutem Grund. Wir möchten, dass Sie von Anfang an wissen, aus welchem Blickwinkel wir das Pferde-Mensch Thema sehen, also aus welcher „Ecke" unsere Anregungen und Übungsvorschläge herrühren. Wenn Sie das wissen, können Sie alles, was Sie von uns lesen oder hören, besser einordnen. Selbst wenn ein anderer Autor oder Trainer einen völlig anderen Ansatz hat oder gar einen gegensätzlichen, könnten Sie davon ausgehen, dass er oder sie vielleicht aus einer anderen Perspektive heraus argumentiert und dafür sicherlich auch plausible Gründe hat. D. h. auch ein ganz anderer Ansatz kann ebenso sinnvoll, pferdegerecht und von Erfolg gekrönt sein.

... als ihnen seinen Willen aufzuzwingen.

Damit Sie sich aber von unserer speziellen Blickrichtung auch einen bildlichen Eindruck machen können, empfehlen wir Ihnen, wie vielen unseren Schülern, sich eine bestimmte Folge der Kinder-Zeichentrick Serie „Yakari" anzuschauen. Yakari, der Held der Serie, ist ein kleiner Indianerjunge, der die Sprache der Tiere versteht. Er erlebt mit seinem Pony „Kleiner Donner", das gleichzeitig sein bester Freund ist, viele Abenteuer. Die besagte Folge heißt „Kleiner Donner reißt aus", und lässt schon vermuten, dass diesmal kein gemeinsames Abenteuer ansteht, sondern die Frage, die uns alle brennend interessiert: Wie schaffe ich es, ein Pferd, das nicht unbedingt etwas mit mir zu tun haben möchte, wieder auf meine Seite zu holen? Die Dinge, die Yakari in dieser Folge lernt, sind es auch, die wir beachten müssen, wenn wir eine echte Verbindung zu unseren Pferden anstreben, die wir aber leicht übersehen. Er lernt u. a., dass Pferde auch ihre Bedürfnisse haben, dass sie nicht immer für uns auf Abruf bereitstehen müssen und das auch nicht können. Pferde wissen es zu schätzen, wenn man sie fragt, anstatt ihnen Befehle zu erteilen oder wenn sie ihre Meinung sagen dürfen – selbst wenn sie am Ende wahrscheinlich überstimmt werden. Verstrickt in unseren Erwartungen an uns und das Pferd oder im Streben nach den Idealen unserer favorisierten Pferdesportdisziplin, setzen wir uns aber wieder und wieder darüber hinweg. Wenn wir Glück haben bekommen wir für das überhörte „Nein" irgendwann die Quittung von unserem Pferd, die wir dann, wie Yakari, als „Wake-up-call" nutzen können. Wenn wir Pech haben, sind wir für ein unglückliches Pferdeleben verantwortlich, ohne es zu wissen und ohne es zu wollen. Dem Pferd als vermeintlich stummes Wesen einfach seinen Willen aufzuzwingen ist eben so viel einfacher, als tatsächlich zuzuhören.

PFERDE-PERSÖNLICHKEITEN

— *erkennen und verstehen*

DER SCHLÜSSEL ZUM VERSTEHEN

Im Reiteralltag geht es fast ausschließlich darum, wie man dem Pferd seine Ideen klar machen kann. Auch wenn man den lobenswerten Anspruch hat, das nett zu tun, vergisst man doch dabei die Kehrseite. Um die Frage „Wie sag ich's meinem Pferd?" zu verstehen, muss man sich nämlich zuerst fragen: „Was sagt mir mein Pferd?" Einer Antwort darauf werden wir auf den nächsten Seiten nachspüren.

DIE BOTSCHAFT DER SCHNECKENPOST

Peer war früher regelmäßig im Wald- und Sportkindergarten in Mannheim. Der Kindergarten besitzt ein eigenes Pony namens Bandi. Gemeinsam mit ihm, den Kindern und der sehr engagierten Leiterin des Kindergartens, Heike Fischer, hat Peer „Kindergartenhorsemanship" gemacht. Mittlerweile sind wir leider nur noch etwa einmal im Jahr dort zu Besuch und Bandi hat Unterstützung durch einige Ponys des Jugendreiterhofs, auf dem er wohnt, bekommen. Heike liebt es, den Kindern die Natur und die Tiere näher zu bringen. Der Kindergarten ist eigentlich eine große Truppe, bestehend aus Kindern, Erwachsenen, Hunden und natürlich auch den Ponys. Gemeinsam sind sie immer irgendwo draußen unterwegs, und genießen die Zeit auf dem Feld oder im Wald. Begleitet wird dieser Tross von verschiedenen Maskottchen, unter anderem zum Beispiel auch Yakari und Kleiner Donner.

Eines dieser Maskottchen ist die Schnecke Finchen. Sie ist eine Handpuppe und der Begleiter der „Schneckenpost", gehört also zu den Nachzüglern, die immer hinterherlaufen und überall als Letzte ankommen. Interessant ist allerdings, dass sie die Kinder nicht dazu ermahnen soll, sich gefälligst zu beeilen. Nein, sie steht im Gegenteil für die Vorteile der Langsamkeit, für das, was schön und wertvoll am Trödeln ist. Sie zeigt ihnen: Wenn man die Hektik hinter sich lässt und entschleunigt, hat man endlich die Zeit, sich alles auf seinem Weg ganz genau anzuschauen. Man kann jeden Stein, jede Blume, jeden Grashalm, jeden Käfer und alle anderen Pflanzen und Tiere wirklich wahrnehmen und sehr gut kennenlernen.

Warum erzählen wir hier von diesem Maskottchen? Nun, wir sind überzeugt davon, dass die Pferde sich genau das auch von uns wünschen. Dass wir langsamer machen, oder noch besser, dass wir gar nicht ans

Heike Fischer hat viel bei uns gelernt und uns dafür mit ihrem Waldkindergarten die Botschaft der Schneckenpost übermittelt.

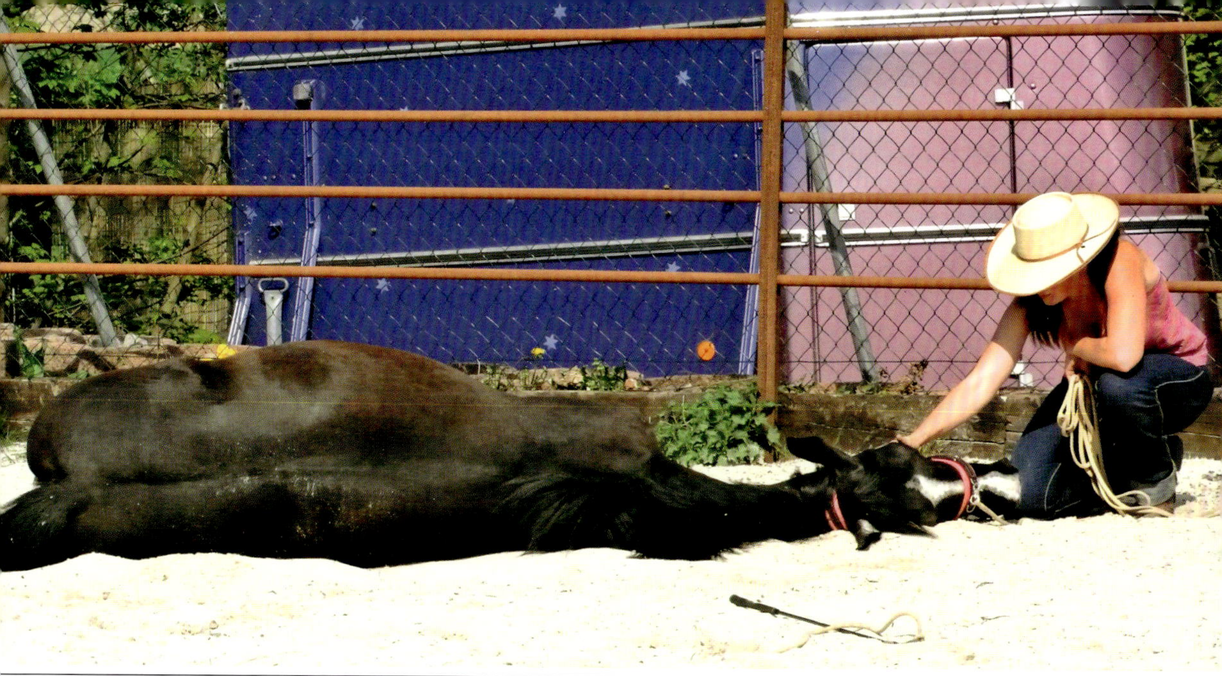

Das Schneckentempo hat viele Vorteile. Die Pferde kennenzulernen ist einer davon, mit ihnen im Hier und Jetzt zu sein ist ein anderer.

machen denken, sondern innehalten, aufmerksam sind und wahrnehmen. Wir haben schon erwähnt, wie wichtig es sozialen Wesen ist, verstanden zu werden. Um Pferde zu verstehen, ist die Botschaft der Schneckenpost der erste Schritt. Je schneller wir vorankommen wollen, umso schneller (ver)urteilen wir auch das, was um uns herum passiert. Je besser wir etwas kennen lernen, umso leichter fällt es uns auch, es anzuerkennen und wertzuschätzen. Pferde sagen uns pausenlos alles, was wir von ihnen wissen wollen. Wir müssen nur immer mal wieder damit aufhören, ihnen ständig zu sagen, was wir wollen und stattdessen genauer hinhören oder, in unserem Fall, hinschauen. Denn Beobachten ist der Schlüssel zum Verstehen. Es ist der Grundbaustein auf natürliche Art erfolgreich mit Pferden zu werden.
Das hört sich nicht nach viel an, denn wir beobachten ja eigentlich ständig alles, was um uns herum passiert. Den Computerbildschirm, den Verkehr, wenn wir über die Straße gehen oder unsere Nachbarn, die mal wieder samstagmittags nicht richtig die Treppe geputzt haben. Aber richtig beobachten ist mehr als nur hinschauen, es geht um Wahrnehmung im eigentlichen Wortsinn, nämlich etwas für wahr zu nehmen. Das ist gerade für Pferdeleute wichtig, denn wie oft sehen wir zwar, was in den Pferden vorgeht, glauben ihnen aber nicht und finden „sie sollen sich nicht so anstellen".
In unserer schnelllebigen Zeit werden wir immer schlechter darin, Dinge wirklich zu sehen und aufzunehmen. Wir haben verlernt, sorgfältig hinzuschauen und unser Gegenüber ernst zu nehmen. Unser nächstes Anliegen ist es daher auch, dass Sie lernen, was alles zum „richtigen" Beobachten dazugehört, um den Pferden die Chance zu geben, richtig wahrgenommen zu werden.

BEOBACHTEN – ABER RICHTIG!

Um wirklich wahrnehmen zu können, gilt es in erster Linie, sich selbst und seine eigenen Pläne und Wünsche, zumindest eine Zeit lang, hinten anzustellen. In der Praxis spielen dabei die folgenden zwei Aspekte eine entscheidende Rolle.

BEOBACHTEN OHNE ERWARTUNGEN

Lernen Sie zu beobachten, ohne etwas von Ihrem Pferd zu wollen oder zu fordern. Um nichts zu wollen, stellen Sie Ihre Ziele vorläufig in den Hintergrund, und beeinflussen Sie das, was passiert, möglichst nicht. Nichts zu fordern bedeutet in diesem Kontext, dass das Pferd keine bestimmte Aufgabe zu erfüllen hat. Lassen Sie sich nur auf Ihr Pferd ein und schenken Sie ihm Achtsamkeit. Versuchen Sie, nicht durch den Filter Ihrer Wünsche oder Meinungen auf Ihr Pferd zu schauen. Lassen Sie auch etwas passieren, was sie eigentlich nicht möchten. Denn auch darin verstecken sich viele wichtige Informationen für Sie, die ansonsten leicht übersehen werden.
Sie werden feststellen, dass das keine einfache Aufgabe ist. Schließlich sollen unsere Pferde ja ständig etwas für uns tun, und wir wissen meist auch genau, was das ist. Ohne Zielvorgaben bei seinem Pferd zu sein, fällt den meisten Menschen daher sehr schwer, ja es würde ihnen nie in

Auch wenn es einem gerade nicht in den Kram passt, stecken in jedem Verhalten Informationen. Man erfährt sie aber nur, wenn man nicht ständig eingreift.

Die gemeinsame Zeit der Ruhe ist für viele Pferde die größte Belohnung.

den Sinn kommen. Pausenlos halten wir es für notwendig, Einfluss zu nehmen, die Pferde herumzukommandieren, sie zu verändern oder zu verbessern. Zudem sind wir viel zu kritisch und mit nichts zufrieden, was wir von unseren Pferden bekommen. Deswegen muss man das Beobachten ohne Erwartungen üben! Aber auch für Pferde hat das ruhige Zusammensein von Natur aus eine hohe Priorität. Und dafür haben sie gute Gründe. Jenny hatte die große Ehre den Film „Taming Wild" zu synchronisieren, von dem wir bereits in unserer Einführung erzählt haben. Elsa Sinclair weist zu Beginn des Films darauf hin, dass Wildpferde täglich bis zu 25 Meilen zurück legen, um Wasser und Futter zu finden. Zudem sind sie häufig Gefahren ausgesetzt und müssen daher viel in Bewegung sein. So ist es ihre größte Belohnung, einfach mal nur still dastehen zu können, ohne aktiv sein oder auf etwas achten zu müssen. Elsa empfiehlt diese gemeinsame Zeit der Ruhe als größte Belohnung. Unter modernen, zivilisierten Haltungsbedingungen müssen Pferde freilich nicht mehr meilenweit für einen Schluck Wasser gehen (obwohl viele Boxenpferde vermutlich genau das nur allzu gerne tun würden). Trotzdem ist die Wertschätzung der Pause und der Ruhe auch in unseren Pferden tief verwurzelt. Schließlich geht es auch weniger um die Pause an sich, sondern darum, dass es keinen Druck und keine Ansprüche gibt – weder an das Pferd noch an uns selbst. Das macht die gemeinsame Zeit und Ruhe so wertvoll für beide Seiten.

Mittendrin und doch einfach nur dabei: Ohne Forderungen ist man schnell Teil der Herde und bekommt so viele Insiderinformationen.

BEOBACHTEN, OHNE ZU BEWERTEN

In dem Moment, in dem wir etwas bewerten, beinhaltet das automatisch, dass (uns) eine Sache mehr wert ist als eine andere. Wir interpretieren das, was wir sehen, anhand unserer persönlichen Maßstäbe und teilen es dadurch in Kategorien ein wie zum Beispiel: gut und schlecht, richtig und falsch, etc. Wir nehmen es also nicht mehr so wahr wie es ist, sondern wie es unserer Meinung nach sein müsste oder nicht sein sollte.

Selbstverständlich „wollen" wir bei unseren Pferden bestimmte Dinge lieber sehen als andere, und auch unsere Pferde machen natürlich manche Dinge richtig und andere falsch. Aber sie tun das ja nicht absichtlich, das bedeutet, sie überlegen nicht vorher: „Mache ich jetzt das Richtige oder mache ich das Falsche? Ach komm, mach´ ich mal das Falsche!" Sie tun es, genau wie wir, weil sie es in diesem Moment für eine gute Idee halten. Am Ende helfen uns diese Einteilungen weder dabei, unsere Pferde zu unterstützen, noch dabei, unsere Ziele zu erreichen. Aus diesen Gründen ist es also nicht ratsam, solche Kategorien des Bewertens anzuwenden, besonders wenn wir etwas über die Pferde herausfinden wollen und erkennen möchten, was gerade mit ihnen los ist.

Bei allen naturwissenschaftlichen Disziplinen, bei denen man bestrebt ist, durch Beobachtungen Wissen zu erlangen, ist das Erste, das man lernt, eigene Meinungen, Vorlieben und Beurteilungen außen vor zu lassen. Oder sie wenigstens bis zum Schluss aufzusparen, wenn es heißt, die richtigen Schlüsse zu ziehen. Aber nicht nur, wenn es um strukturierte wissenschaftliche Erkenntnisse geht, ist dies ein eiserner

Grundsatz. Er gilt auch, wenn man dynamische und nicht so leicht vorhersehbare Systeme verstehen möchte, wie etwa Beziehungen und Kommunikation. Ein Experte auf diesen Gebieten ist der amerikanische Psychologe, Mediator und Autor Marshall B. Rosenberg. Er entwickelte das Konzept der gewaltfreien Kommunikation, kurz GfK. In seinem Buch mit dem gleichnamigen Titel erklärt er: „Wenn wir die Beobachtung mit einer Bewertung verknüpfen, vermindern wir die Wahrscheinlichkeit, dass andere das hören, was wir sagen wollen. Sie neigen dann eher dazu, Kritik zu hören, und wehren so ab, was wir eigentlich sagen wollen." An anderer Stelle geht er sogar noch weiter, wenn er den indischen Philosophen J. Krishnamurti mit folgenden Worten zitiert: „Es ist die höchste Form der menschlichen Intelligenz, zu beobachten ohne zu bewerten."
Wie wertfreie Wahrnehmung bei den Pferden auch im Sinne der GfK aussehen kann, sollen Ihnen die folgenden wenigen Beispielssätze verdeutlichen. Der erste Satz ist dabei immer der, den man als Reiter automatisch im Kopf hat, der zweite ist eine Empfehlung für eine wertfreie Formulierung der gleichen Aussage.

- Was guckt der schon wieder zur Tür, da ist doch gar nichts.
  Mein Pferd hat zwei Minuten gebraucht, um seinen Blick von der Tür abzuwenden.
- Stell dich nicht so an, ist doch nur der Stick.
  Wenn ich mein Pferd mit dem Stick berühre, schlägt es mit dem Schweif.
- Mein Pferd hatte heute wieder viel Spaß im Gelände.
  Im Wald läuft mein Pferd schneller als auf dem Platz.
- Scheiße ist meinem Pferd wichtiger als ich.
  Wenn mein Pferd entscheidet was es machen möchte, geht es geradewegs zur Mistkarre.
- Sie geht schon wieder nicht in den Hänger.
  Wenn ich mit ihr zum Anhänger gehe, bleibt sie einen Meter davor stehen.

WAS KÖNNEN WIR BEOBACHTEN?

Als Nächstes stellt sich die Frage, was genau wir am Pferd beobachten können? Es ist klar, dass wir weder bei unseren Mitmenschen, noch bei Tieren direkt Emotionen oder Gedanken beobachten können. Das geht immer nur über den Umweg der Körpersprache.
Welche Körperteile oder körpersprachlichen Merkmale können wir uns also anschauen, die uns vielleicht etwas über den Gemütszustand des Pferdes sagen? Beim Menschen ist das Hauptkriterium die Mimik, also gewissermaßen die Körpersprache des Gesichts. Bei Pferden ist diese zwar weit weniger ausgeprägt, prägnante Beispiele, allen voran das Ohrenspiel, gibt es allerdings schon. Und natürlich verrät die Körpersprache viel über das mentale und emotionale Innenleben eines Pferdes.

Die Signalwirkung der Pferdeohren ist selbst Laien bekannt.

Gleich nach den Ohren, sind die Pferdeaugen ein entscheidendes Ausdrucksmittel. Nicht umsonst werden sie die Fenster zur Seele genannt. Die Nüstern und das Maul liefern ebenfalls sehr nützliche Informationen. Sie werden noch lernen, was gerade die „Nase" (die Nüstern- und Maulpartie) für ein wichtiges Sinnesorgan ist. Des Weiteren wären da noch der Gesichtsausdruck allgemein, der Schweif, die Muskelanspannung – im gesamten Körper oder in einzelnen Körperteilen – die Darmtätigkeit (äppeln) und nicht zu vergessen diverse Geräusche, die man wahrnehmen kann. In diese Kategorie fällt die Atmung, inklusive solcher Variationen wie Schnauben, Wiehern, Schnorcheln etc. Sehr aufschlussreich sind aber auch Geräusche, die beim Laufen entstehen. Beim Verladen kann z. B. ein entspanntes Pferd trotz Hufeisen quasi lautlos auf den Hänger schleichen, während man bei aufgeregten Pferden selbst ohne Eisen, auf dem ganzen Hof hört, wenn sie sich auf der Hängerrampe bewegen.

Mit etwas Übung wird es für Sie immer leichter werden, die einfachen Körpersignale des Pferdes erkennen zu können. Der nächste Schritt besteht nun darin, all das, was Sie beobachten, auch deuten zu können. Sie wissen dann also nicht nur, was es alles zu beobachten gibt, sondern auch, was es bedeuten kann. Sie werden in der Lage sein, kleine Zeichen des Pferdes wahrzunehmen und sinnvoll einzuordnen, von denen Sie vorher nicht einmal wussten, dass es sie gibt.

Es gibt übrigens keinen besonderen Ort und keine besondere Zeit zum Beobachten. Ganz im Gegenteil: Schulen Sie Ihr Auge und beginnen Sie Ihr Pferd immer und überall zu analysieren. Also im Stall, auf dem Paddock, auf der Wiese, beim Spaziergang, beim Reiten, auf dem Platz oder in der Halle. Wenn es bei Ihnen ist, mit anderen Pferden zusammen ist oder auch mit anderen Menschen zu tun hat. Pausenlos gibt es Ihnen die Möglichkeit etwas Neues über es zu erfahren.

01 Die Augen sind die Fenster zur Seele. Jedoch muss man bei Pferden schon genau hinschauen, wenn man einen Blick ins Innerste der Pferde erhaschen möchte.

02 Die Maulpartie ist eine wahre Fundgrube für Signale. Ober- und Unterlippe, Nüstern, Maulspalte verraten, wie es im Pferd aussieht.

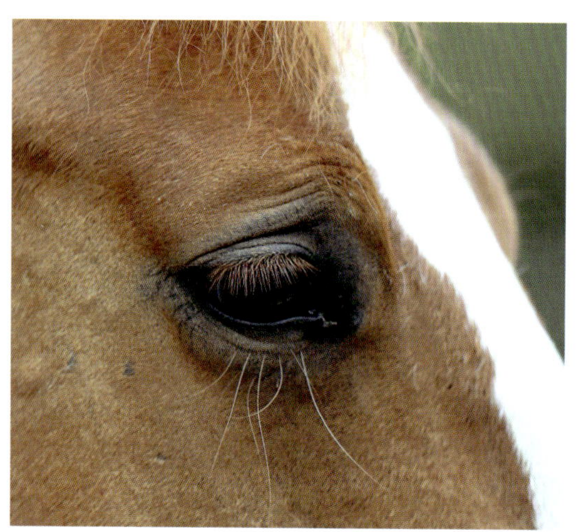

01

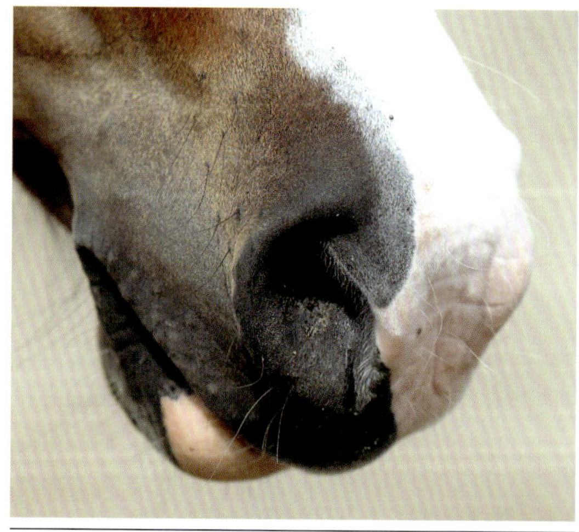

02

Dein Pferd, das unbekannte Wesen? Als Laie muss man bei manchen Pferden schon tiefgründiger forschen, um ihr verborgenes Wesen zu ergründen. Doch mit viel Übung fällt das Erkennen leichter.

PFERDE HABEN EINE PERSÖNLICHKEIT

Wenn Sie in Zukunft versuchen, auf alle Kleinigkeiten der Pferdesprache zu achten, werden Sie merken: Es macht Ihr Leben als Horseman erst einmal nicht einfacher. Man kann sich gut vorstellen, wie viele verschiedene Kombinationsmöglichkeiten es bei all den Zeichen von Augen, Ohren, Maul, Schweif, Muskelspannung etc. gibt. Und es beschleicht einen das Gefühl, dass es unmöglich ist, da einen roten Faden, eine Ordnung zu erkennen. Und doch gibt es eine Ordnung, und wir werden Ihnen auch helfen, sie zu finden. Denn es gibt bestimmte Kategorien, zu denen man das beobachtete Durcheinander zusammenfassen kann. Und glücklicherweise haben Pferde in der Regel die Tendenz, sich in ähnlichen Situationen oder Lebenslagen auf ähnliche Art und Weise zu verhalten. Auch wenn das von Pferd zu Pferd sehr unterschiedlich aussehen kann.
Etwas knapper ausgedrückt bedeutet das: Wir können davon ausgehen, dass es verschiedene Pferdepersönlichkeiten gibt. Doch Moment mal! Haben wir denn nicht alle gelernt, dass Pferde Fluchttiere sind? Reicht es dann nicht, sich mit der Psychologie eines Beutetiers zu beschäftigen? Das wäre unserer Meinung nach zu kurz gegriffen. Ebenso wenig wie die Begriffe Jäger und Sammler auch nur annähernd der Vielfalt der menschlichen Natur gerecht werden, beschreibt der Stempel Fluchttier die Reichhaltigkeit der Pferdepsyche nur ungenügend. Jeder gute Pferdemensch, der schon mit vielen Pferden zu tun hatte, wird Ihnen bestätigen können: Jedes Pferd ist einzigartig.

Bei Micky sieht man die Persönlichkeit immer deutlich hindurchstrahlen.

Das Wort Persönlichkeit kommt vom lateinischen Wort „personare", was „durchklingen" bedeutet. Der Begriff hat seinen Ursprung im antiken Theaterspiel. Die Schauspieler trugen Masken, durch welche ihre Stimmen hindurch klangen. Um die Persönlichkeit zu erkennen, müssen Sie somit zwischen den Zeilen lesen, um herauszufinden, welcher Teil des Innenlebens Ihres Pferdes jeweils durch seine oberflächlichen Zeichen hindurchschimmert.
Die Tatsache, dass es bei Pferden bestimmte Persönlichkeitstypen gibt, hilft uns natürlich sehr, wenn wir nach etwas suchen, an dem wir uns orientieren können. Man hat so etwas wie eine Vorsortierung, also das schon erwähnte Grundgerüst verschiedener Charaktereigenschaften. Jetzt wollen wir uns zusammen anschauen, wie eine Einteilung in verschiedene Persönlichkeitstypen aussehen könnte.

EIN PERSÖNLICHKEITS-PROFIL FÜR PFERDE

Man muss nicht erst in den angesagten Lifestyle- und Psychologiezeitschriften suchen, um festzustellen, dass es viele verschiedene Arten von Persönlichkeitsprofilen gibt. Dort ist man mittels ausgefeilter Fragebögen den Rätseln des modernen Menschen auf der Spur, indem man dem Leser dabei hilft herauszufinden, welcher Partytyp er ist, wer am besten zu ihm passt oder ob er das Zeug zum Superstar hat.

Daneben gibt es aber auch fundierte, aufwändigere Profile. Eines der populärsten ist unter der Abkürzung DISG bekannt, das für die vier grundlegenden Eigenschaften steht: Dominant, initiativ, stetig, gewissenhaft. Man wird basierend auf seiner Wahrnehmung und der Reaktion auf seine Lebenssituation charakterisiert, mit dem Ziel, sich selbst und andere besser zu verstehen. Ebenfalls bekannt, aber weitaus älter, ist die Klassifizierung von Persönlichkeitstypen in der Traditionellen Chinesischen Medizin (TCM). Sie dient hauptsächlich dazu, jeden Patienten individuell zu stärken, um Krankheiten zu behandeln und vor allem zu vermeiden.

Doch auch in der Pferdewelt hat man sich mittlerweile Gedanken über unterschiedliche Charaktere gemacht und darüber, wie man sie kategorisieren könnte, um diese Informationen lern- und lehrbar zu machen. Sicher haben richtig gute Pferdemenschen schon immer ein Gefühl für die unterschiedlichen Wesenszüge der Pferde gehabt. Doch gefühltes

01 Jeder Mensch ist anders. Und doch gibt es Gemeinsamkeiten und Muster, die dabei helfen können, uns untereinander besser einzuschätzen und zu verstehen.

02 Daraus kann man zwar sehr eingeschränkte, aber dennoch nützliche Persönlichkeitsprofile entwickeln.

01

02

Wissen auf strukturiertem Wege zu vermitteln, ist eine ganz besondere Herausforderung. Vorreiter auf diesem Gebiet waren, wie so oft, Pat und Linda Parelli. Ihre differenzierte Sicht auf die Pferde hat die Horsemanship-Welt revolutioniert. Die beiden, insbesondere Linda, waren nämlich die Ersten, die eine Art Persönlichkeitsprofil für Pferde entwickelt haben. Sie nennen es Horsenality, eine eigens erfundene Wortkreation, die sich zusammensetzt aus den Worten Horse und Personality. Wir haben selbst enorm viel daraus gelernt und profitieren noch heute von diesem Wissen. Auch unser Konzept der Pferdepersönlichkeiten, das wir in diesem Buch präsentieren, ist teilweise an Ideen der Horsenalitys angelehnt.
Als wir uns vor einigen Jahren daran machten, unsere eigenen Ansätze und Erfahrungen zu den Pferdetypen und deren Einteilung in einem Kursformat zu vermitteln, mussten wir uns Gedanken darüber machen, wie wir die verschiedenen Kategorien am besten benennen. Wir haben uns bewusst dagegen entschieden, neue, abstrakte Begriffe dafür zu erfinden, sondern alltägliche Worte gewählt, die wir ohnehin schon lange immer wieder genutzt haben, um zu beschreiben, welche Art von Pferd wir gerade vor uns haben.
Im Grunde nutzen wir zwei wichtige Unterscheidungen, die uns einen groben Rahmen vorgeben, um uns in der Pferdepsyche besser zurechtzufinden.

DIE ERSTE WICHTIGE UNTERTEILUNG: SICHER ODER UNSICHER

Die erste Unterteilung ist eigentlich eine dreifache und besteht aus den folgenden Fragen:
1. Ist mein Pferd gerade sicher oder ist es unsicher?
2. Ist es entspannt oder ist es angespannt?
3. Kann es seinen Kopf einschalten oder kann es seinen Kopf nicht einschalten? Denkt es also mit oder nicht?

Dieses Dreiergespann hat einige Vorteile. Zum einen sind es Begriffe, die jeder Mensch ganz intuitiv nachvollziehen und zuordnen kann. Um ein echtes Gefühl für Pferde zu entwickeln und um sie zu verstehen, ist es eine große Hilfe, wenn wir unsere eigenen Empfindungen als Vergleich heranziehen können, um emphatischer mit den Pferden zu sein. Jeder weiß sicherlich, wie es sich anfühlt, wenn man unsicher ist, wenn man nicht nachdenken kann, oder wenn man auf der anderen Seite entspannt ist und sich sicher fühlt. Außerdem bleiben die Begriffe, obwohl sie den Sinn haben zu kategorisieren, immer noch einigermaßen wertfrei. Man vermeidet also Ausdrücke wie: faul, stur, dominant, fröhlich, verrückt, lieb und dergleichen mehr, die alle schon emotional aufgeladen sind und bei denen eine viel stärkere Wertung mitklingt.

Bei jedem Pferd, das Sie von nun an sehen, stellen Sie sich die Fragen: sicher oder unsicher, entspannt oder angespannt und Kopf eingeschaltet oder Kopf ausgeschaltet? Und, wie lautet Ihre Antwort bei diesem Pferd?

Ein weiterer Pluspunkt ist, dass es relativ simple Unterteilungen sind, die kein großes Vorwissen erfordern und (noch) nicht zu sehr ins Detail gehen. Trotzdem decken sie ein sehr breites Spektrum von Pferdeverhalten ab, man kann also so gut wie alles, was man beobachtet, in eine oder mehrere der drei (bzw. sechs) Kategorien einordnen. Dabei sind die einzelnen Bereiche gar nicht so unabhängig voneinander, wie man meint. Es gibt eine große Schnittmenge. So ist ein Pferd, das unsicher ist, meistens auch angespannt und wird seinen Kopf schlechter einschalten können, als ein entspanntes, sicheres Pferd. Trotzdem greifen die einzelnen Komponenten für sich genommen auch in spezielleren Fällen, die aus dieser offensichtlichen Schnittmenge herausfallen. Ein Pferd, das döst, ist z. B. sicher und entspannt, hat seinen Kopf aber nicht eingeschaltet. Oder ein Pferd, das unsicher ist, kann unter Umständen dennoch mitdenken, etwa wenn es uns mitteilt: „Ich bin mir unsicher, was du mir sagen willst, aber ich will es gerne herausfinden."
Sie merken schon: Jetzt, da Sie gerade gelernt haben, wertfrei zu beobachten, begeben wir uns wieder vorsichtig zurück auf das gefährliche Parkett der Deutung und der Interpretation. Nur mit dem entscheidenden Unterschied, dass Sie nun wesentlich besser gegen Fallgruben gewappnet sind.

Fressen, raufen, schicken oder wie hier spielen: Miteinander gehen Pferde anders um als mit Menschen. Daher interessiert uns die Persönlichkeitsfrage in erster Linie im Hinblick auf die Beziehung zwischen Mensch und Pferd.

Die Fragen nach Sicherheit, Entspannung und Denkvermögen stellen wir übrigens in erster Linie in Bezug auf das Verhältnis zwischen Pferd und Mensch. Auch in der freien Natur oder untereinander im Herdenverband ist diese Frage natürlich wichtig, aber uns interessiert ja hauptsächlich unsere Beziehung zum Pferd. Pferde untereinander verhalten sich oft anders, als wenn sie mit uns interagieren.

Was bedeutet es aber jetzt im Einzelnen, wenn wir ein Pferd haben, das den Kopf ein oder aus hat, das entspannt oder angespannt bzw. sicher oder unsicher ist? Wir widmen uns dabei zuerst der unsicheren Seite, weil dieser Zustand des Pferdes der häufigere ist. Als Fluchttiere haben sie die Tendenz, oder sogar die Pflicht, sehr skeptisch und vorsichtig zu sein, deswegen ist nichts einfacher, als Pferden Angst zu machen. So sicher sie auch sein können, die Furcht lauert meist schon kurz unter der Oberfläche.

UNSICHERE PFERDE, DIE DEN KOPF NICHT EINGESCHALTET HABEN UND ANGESPANNT SIND

Pferde in diesem Zustand sind **emotional,** das heißt, sie sind sehr gefühlsgesteuert.

Sie verhalten sich eher **unbewusst,** zeigen also lediglich **Reaktionen auf** Reize. So erschrecken sie sich etwa vor einem plötzlichen Knall, oder der Mensch macht etwas Unvorhergesehenes und sie geraten in Panik. In diesem Moment denken sie nicht über ihr Verhalten nach, sondern führen es instinktiv aus. Das gilt im Übrigen nicht nur für problematische, sondern auch für (zufällig) richtige Reaktionen.

Pferde in diesem Zustand haben eine sehr **hohe Fluchttendenz.** Schon kleine Auslöser haben potenziell eine Fluchtreaktion zur Folge. Ihre Natur sagt den Pferden dann permanent: „Renn' lieber erst mal weg, und schau hinterher, ob es nötig war!" Ist eine Flucht nicht möglich, können sie aber auch zum Angriff übergehen.
Anspannung und Unsicherheit kann sich bei manchen Pferden als **„Überbeweglichkeit"** äußern. Damit meinen wir, sie können nicht still stehen, drehen sich beispielsweise um den Menschen, steigen oder rennen los. Es passiert einfach viel in kürzester Zeit. Andere Pferde wiederum werden unbeweglich und frieren ein. Sie verfallen geradezu in eine Art Schockstarre.
Die Bewegungen sind meistens **unkoordiniert.** Selbst, wenn sie etwas langsam tun, kann es noch sein, dass sie über Gegenstände oder über ihre eigenen Füße stolpern. Gut zu beobachten ist dies etwa beim Verladen. Dort stolpern sie regelmäßig mit den Hinter- und Vorderbeinen an der Kante der Hängerrampe an oder rutschen ab.
Wenn Sie diese Art von Pferden bewegen möchten, brauchen Sie ziemlich **viel Energie,** und bekommen trotzdem so gut wie **keine Reaktion** zurück. Dabei sind die Pferde keinesfalls unsensibel, ganz im Gegenteil: Sie sind unsicher oder haben eben Angst. Auch hier gibt es aber

Unsichere, angespannte Pferde ergreifen im Zweifel die Flucht.

Trotz einer sehr deutlichen Frage kommt vom Pferd keine Antwort – der Kopf bleibt noch ausgeschaltet.

ebenfalls die andere Ausprägung, nämlich Pferde, die zunächst überhaupt nicht, dann aber überreagieren.
Ein emotional gesteuertes Pferd ist kaum lernfähig. Die meisten Pferdebesitzer nehmen bei ihrem Training jedoch keine Rücksicht darauf, ob ihr Pferd dazu überhaupt emotional in der Lage ist, also ob das Vorhaben gerade sinnvoll ist. Doch es gibt auch eine gute Nachricht. Viele Dinge, die wir unseren Pferden unabsichtlich beibringen (und die Gelegenheiten dazu sind in angespannten Situationen tatsächlich zahlreich), bleiben nicht wirklich im Pferdegedächtnis hängen. Wenn Sie z. B. bei einem Ausritt von Ihrem aufgeregten Pferd absteigen, weil es Ihnen im Sattel zu gefährlich wird, wird Ihr Pferd daraus nicht automatisch lernen, dass Sie absteigen, wenn es nervös wird. Erstens weil es eben nicht im „Lernmodus" ist, und zweitens ist Nervosität, Angst, Panik etc. kein Verhalten, sondern ein emotionaler Zustand. Und selbst wenn es das wollte, kann Ihr Pferd nicht absichtlich Todesangst bekommen, um Sie zum Absteigen zu bringen. Man kann zwar problemlos Emotionen konditionieren, also durch einen bestimmten Reiz eine Emotion hervorrufen (und nicht nur ein Verhalten). Wir bezweifeln jedoch – ohne das wissenschaftlich belegen zu können – dass man einem Pferd beibringen kann, eine emotionale Reaktion (Todesangst) zu bekommen, um den Reiter zu einem bestimmten Verhalten zu bringen. Also glauben Sie bitte in Zukunft nicht jedem, der Ihnen sagt: „Du darfst bloß nicht absteigen, denn dann lernt dein Pferd, wie es dich loswerden kann!" Ohnehin tun Sie einem aufgeregten Pferd einen größeren Gefallen damit, wenn Sie selbst sicher und entspannt bleiben, als wenn Sie sich zu etwas zwingen, das Ihnen Angst macht. Falls Sie sich also am Boden sicherer fühlen, dann steigen Sie lieber ab. Obwohl es auch routinierte Reiter gibt, die dem Pferd von oben ebenso gut helfen können, sich wieder zu entspannen.

Unsichere, angespannte Pferde sind kaum in der Lage etwas zu lernen. Sie in diesem Zustand nachhaltig trainieren zu wollen ist vergebliche Mühe.

Im Training kann man auf eine mechanische Verbindung nicht immer verzichten, oft ist sie auch ein gutes Lehrmittel, doch die feine mentale Verbindung ist wesentlich verlässlicher und wertvoller – wenn man sie denn hat.

Unsicherheit hat oft Abwehrverhalten zur Folge. Auch beim Pferd greift dieses biologische Prinzip. Wenn es denkt, sich schützen zu müssen und seine Überlebensinstinkte geweckt werden, dann sind andere Anwesende zweitrangig. Wenn jemand im Weg steht, oder es sich eingeengt fühlt und keine Fluchtmöglichkeit sieht, muss es sich eben anderweitig aus der Situation befreien. Das ist freilich nicht böse gemeint, sondern einfach eine Überlebensstrategie. Hier sind unsererseits eine gute Beobachtungsgabe und ein gutes Gefühl für Raum und Energie gefragt (z. B. bei unserer Übung „Privatzone" S. 81), um solche Situationen entweder im Vorfeld zu vermeiden, oder am besten entsprechende Maßnahmen seitens des Pferdes unnötig zu machen. All diese Punkte führen zu einem der größten Hindernisse, die es zwischen Pferd und Mensch geben kann – der fehlenden Verbindung. Genauer gesagt, fehlt auf dieser Seite nicht einfach die Verbindung, sondern es gibt nicht einmal die Möglichkeit, zu Pferden in diesem Zustand eine Verbindung herzustellen. Ohne eine gute Verbindung

Ein mitdenkendes Pferd ist ein guter Partner für Groß und Klein.

haben Sie jedoch keine Grundlage für gemeinsame Unternehmungen oder eine sinnvolle Verständigung. In der heutigen Zeit der mobilen Kommunikation kann das jeder leicht nachvollziehen. Wenn Sie mit einem Freund telefonieren möchten, haben aber keine Verbindung, können Sie stundenlang in den Hörer quatschen – bei Ihrem Freund wird davon nichts ankommen.
Und wenn Ihnen ein Pferd direkt gegenübersteht, zu dem Sie keinen direkten Draht haben, gilt das Gleiche. Die fehlende Verbindung macht eine zufriedenstellende Kommunikation quasi unmöglich. Da besteht Handlungsbedarf!
Es ist leicht nachzuvollziehen, dass sich Pferde, die angespannt und unsicher sind und die ihren Kopf nicht einschalten können, nicht besonders wohlfühlen. Wer Angst hat, mit Situationen nicht klarkommt, wer nicht verstanden wird, nicht versteht und trotzdem funktionieren soll, kann sich nicht gut fühlen. Immer, wenn Pferde sich an diesem Ende des Spektrums befinden, müssen wir dringend aktiv werden. Es ist an uns, den Pferden aus diesem emotionalen, instinktiven Modus herauszuhelfen und sie sozusagen aus dem roten in den grünen Bereich zu bringen. Auf die Seite, auf der es sich sicher fühlt, selbstsicher ist, entspannt wird und wieder mitdenken kann. Wie das „Pferden helfen" funktioniert, werden Sie später noch detailliert erfahren. Wie sich diese andere Seite äußert, das schauen wir uns jetzt sofort an.

SICHERE PFERDE, DIE DEN KOPF EINGESCHALTET HABEN UND ENTSPANNT SIND

Pferde, die sich in diesem Modus befinden, handeln tendenziell rational. Sie verstehen, also bekommen bewusst mit, was um sie herum geschieht und verarbeiten dies eher mental als instinktiv.

Ebenso ist ihr Verhalten uns Menschen gegenüber sehr überlegt. Wir können ihnen Fragen stellen und sie können auf Fragen antworten, oder umgekehrt. Und das ist immerhin schon eine Basis für echte Kommunikation. Das bedeutet allerdings nicht zwangsläufig, dass diese Kommunikation reibungslos verläuft, oder dass wir die Pferde automatisch auf unserer Seite haben. Denn sie können uns nun auch falsche Antworten geben – vielleicht um herauszufinden, wie gut wir unseren Kopf eingeschaltet haben?

Wenn Sie ein solches Pferd an der Hand haben oder es reiten, ist es sehr leicht zu bewegen und genauso gut wieder anzuhalten, wenn es einmal in Bewegung ist. Viele Leute behaupten, Reiten sei anstrengend. Doch das ist in der Regel nur der Fall, wenn Sie ein Pferd reiten, das seinen Kopf nicht für uns eingeschaltet hat. Reiten sollte nur im Kopf anstrengend sein. Auch wenn das eine etwas überspitzte Aussage ist, lohnt es sich in solchen Fällen doch immer nachzuforschen, wo Sie Ihr Pferd unterstützen können, damit es mehr auf die mitdenkende Seite zurückfindet.

Ein sehr sicheres Pferd

Ein entspanntes Pferd ist gut einzuschätzen und man kann ihm vertrauen.

Bewusste und koordinierte Bewegungen sind kein Problem, wenn der Kopf eingeschaltet ist.

Die Bewegungen sind sehr koordiniert, weil diese Pferde genau wissen, wo sie ihre Füße hinsetzen.
Sie müssen wenig Energie einsetzen und bekommen trotzdem positive Reaktionen vom Pferd zurück, das heißt alles fühlt sich weich und leicht an. Und das ist ja das gemeinsame Interesse von uns und den Pferden. Auf der emotionalen, instinktiven Seite ist es dagegen oft notwendig, mehr Energie einzusetzen, um als Mensch sicher und glaubwürdig zu bleiben.
Ein großer Pluspunkt dieser Pferde ist, dass sie sehr lernfähig sind. Sie müssen nicht unbedingt stundenlang eine Sache üben. Ganz im Gegenteil. Sie fragen einmal: „Kannst du das machen?" und ein Pferd, das den Kopf für Sie eingeschaltet hat, wird darauf oft direkt antworten: „Ja klar!" Ausnahmen sind hier natürlich körperliche Übungen, bei denen Abläufe in den Muskeln abgespeichert oder koordiniert werden müssen. Aber auch hier ist ein entspanntes und bewusst handelndes Pferd sehr viel schneller und effektiver aufzubauen, als ein emotionales, angespanntes.
Ganz allgemein zeigen nachdenkende Pferde eine hohe Kooperationsbereitschaft. Das entspricht auch ihrer Natur als Herdentier. Der amerikanische Pferdemensch und bekannte Autor Mark Rashid weist in seinen Büchern immer wieder darauf hin, dass Pferde überaus koope-

Die Energie ist bei sicheren Pferdetypen leicht abrufbar und gerät selbst bei etwas wilderen Manövern selten außer Kontrolle.

rative Wesen sind. Wäre das nicht der Fall, könnten wir all die unglaublichen Dinge nicht mit ihnen machen.
Das Schöne bei entspannten und sicheren Pferden ist, dass sie auf ihren Menschen achten. Sie respektieren ihn, sie sehen ihn, sie nehmen ihn wahr und sind offen für gemeinsame Unternehmungen.
Am Ende können Sie mit solch einem Pferd eine echte Verbindung knüpfen. Jetzt sind Sie handlungsfähig. Alles ist machbar, sofern es im Rahmen der Möglichkeiten des Pferdes liegt. Und auch nur, wenn wir selbst kompetent genug sind, das Pferd wirklich auf unsere Seite zu bringen und es sich für uns öffnet.
Was wir mit dieser Gegenüberstellung zunächst einmal bezwecken möchten ist, dass Sie sich in Zukunft immer klarer darüber werden, auf welcher Seite Ihr Pferd sich gerade befindet. Wir wollen Sie in die Lage versetzen zu entscheiden, ob Handlungsbedarf besteht, um Ihr Pferd wieder zu entspannen oder ob Sie ein entspanntes, mitdenkendes und sicheres Pferd vor sich haben, mit dem Sie etwas anfangen können.
Das zu erkennen und zu beachten, macht aus einem normalen Reiter einen echten Horseman. Alle Versuche (auch die gut gemeinten), das Pferd trotz Unsicherheit und ausgeschaltetem Kopf zur Mitarbeit zu zwingen, sind zum Scheitern verurteilt. Sie machen viele Situationen nicht nur unangenehmen, sondern auch gefährlich.

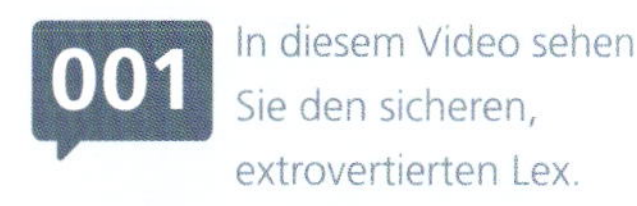

Sichere entspannte Pferde können viel besser in unsere Richtung denken und auf uns achten. So können sich beide Seiten sehr fein austauschen.

DIE ZWEITE WICHTIGE UNTERTEILUNG: INTROVERTIERT ODER EXTROVERTIERT?

Wer fit darin ist, ein sicheres Pferd von einem unsicheren zu unterscheiden, wird bald merken, wie viel einfacher allein dieses Wissen die Arbeit mit den Pferden macht. Es gibt jedoch noch eine andere Ebene, die für uns nicht weniger aufschlussreich ist, um das mentale und emotionale Naturell eines Pferdes zu ergründen.
Bei dieser zweiten großen Unterteilung geht es darum herauszufinden, ob ich ein introvertiertes oder ein extrovertiertes Pferd habe. Man kennt diese beiden Begriffe aus der Humanpsychologie und verknüpft vielleicht automatisch bestimmte Vorstellungen damit. Den stillen, schüchternen, zurückhaltenden Vertreter als typischen Introvertierten und den lauten, hyperaktiven Klassenclown oder die geschwätzige Nachbarin als typisches extrovertiertes Exemplar. Der Kontrast wird hier also an der Aktivität und der Redseligkeit bemessen. Ähnlich eindimensional würde man sicher Pferde, die immer nur herumstehen und inaktiv sind, als introvertiert bezeichnen, und diejenigen, die viel rennen und allgemein aktiv sind, als extrovertiert. Und damit läge man auch gar nicht so falsch. Die Energie und das Bewegungsbedürfnis sind nämlich in der Tat ein wichtiger Indikator, aber hinter dieser Unterscheidung steckt noch ein bisschen mehr. Der eigentliche Unterschied ist subtiler. Im Grunde geht es darum, wie viel von dem, was in den Pferden vorgeht, seinen Weg nach draußen findet, und wie viel von dem, was um sie herum passiert, innen bei den Pferden ankommt.

01 Ein ungleiches Geschwisterpaar: Auch wenn sie sich in manchen Dingen ähneln, so ist Amy doch die Extrovertierte ...

02 ... und Lex der introvertierte Typ.

01

02

Lex ist oft in sich verschwunden.

Es gibt noch andere Begriffspaare, die zu einem besseren Gefühl und vollständigeren Konzept von introvertiert und extrovertiert beitragen können. So könnte man sich beispielsweise fragen: Ist das Pferd offen oder verschlossen? Verhält es sich aktiv oder passiv? Nimmt es teil an der Umwelt oder nicht? Ist es nach außen oder nach innen orientiert? Hängt es gerade fest oder tut sich etwas? Und auch der beliebte Begriff der Durchlässigkeit könnte im psychologischen Sinne als gutes Bild für diese Unterscheidung dienen.
Denken Sie also immer mal wieder an diesen Absatz, wenn wir nun beide Seiten dieser Klassifizierung etwas genauer beschreiben.

INTROVERTIERTE PFERDE

Alles, was sich in einem introvertierten Pferd innerlich ereignet, findet seinen Weg nur schwer nach draußen. Es macht Dinge lieber mit sich selbst aus und schottet sich unter Umständen auch ganz von der Außenwelt ab. Ein unsicheres Pferd, das introvertiert ist, flüchtet sozusagen als Selbstschutzmaßnahme nach innen. Diese Pferde wollen bzw. können

Auch Jennys altes Pferd Paul passte in die Kategorie der introvertierten Pferde.

Peers frühere Reitbeteiligung Bolero hatte ebenfalls viele introvertierte Charakterzüge.

Gefühle nicht wirklich rauslassen. Das macht es für uns schwierig sie zu lesen, denn auch die Körpersprache ist sehr verhalten oder gar eingefroren, sodass wir kaum Zeichen wahrnehmen, an denen wir den Gemütszustand der Pferde ablesen können. Ein introvertiertes, sicheres von einem introvertierten, unsicheren Pferd zu unterscheiden ist also nicht immer einfach. Auch wenn Introvertiertheit nicht allein ein Merkmal von unsicheren Pferden ist, so ist sie doch bei diesen häufig extremer ausgeprägt, weil sie ihnen als Selbstschutzmaßnahme dient. Sicher haben Sie schon einmal von den berühmten drei Fs gehört, die uns Lebewesen als Reaktion auf Bedrohungen zur Verfügung stehen. Sie stehen für Fight, Flight und Freeze, zu Deutsch: Angriff, Flucht und Einfrieren. Nun, die introvertierten Pferde greifen gerade im Notfall am ehesten auf die Einfrier-Variante zurück, um sich nach außen abzuschirmen.

Daher findet auch alles, was um sie herum passiert, schwer seinen Weg in das Innere dieser Pferde. Das hat zur Folge, dass sie oft einen zähen Eindruck machen, weil sie, wenn überhaupt, ein bisschen zeitverzögert reagieren. Das bedeutet aber nicht zwangsläufig, dass sie nicht viel von ihrer Umgebung mitbekommen, es ist nur so, dass interne Prozesse in diesen Pferden langsam ablaufen. Entweder, weil sie gerade kein Interesse an ihrer Umgebung haben (sichere Pferde) oder weil sie aus Unsicherheit nach innen flüchten und sich abkapseln. Vom Auge zum Gehirn fließen Informationen zäh und vom Gehirn zu den Beinen ebenfalls. Gerade bei den Unsicheren ist es ähnlich wie bei einem Computer, der festhängt. Er rechnet zwar irgendwie noch, aber es passiert nichts und man kann eigentlich nichts anderes tun außer warten oder neu starten. Der Nachteil für die Pferde selbst ist, dass sie diesen Zustand nicht so leicht von alleine wieder loswerden.

Introvertierte Pferde sind Energiesparer. Sie setzen einiges daran, ihre Ressourcen nicht unnötig einzusetzen. Sie sind sich darüber im Klaren, dass Energieverschwendung durchaus ihre Überlebenschancen verschlechtern kann. Daher entscheiden sich sichere Pferde lieber für das Nichtstun und Abwarten, und unsichere für die Flucht nach innen.

EXTROVERTIERTE PFERDE

Extrovertierte Pferde können oder wollen ihre Gefühle einfach nicht bei sich behalten. Sie zeigen mehr als deutlich, was in ihnen vorgeht. Für uns ist das zunächst einmal ein Vorteil, denn je mehr sie herauslassen, umso besser können wir die Pferde auch lesen. Andererseits gehen die Emotionen mit ihnen auch gerne mal durch. Sowohl die negativen, wie Unsicherheit, Angst oder Aggression, als auch die positiven, wie Bewegungsdrang oder der Spieltrieb.
Ein extrovertiertes, aufgeregtes Pferd macht einen viel spektakuläreren Eindruck als ein introvertiertes. Für Außenstehende scheint der Umgang

Extrovertierte Pferde sind offen und an allem interessiert.

Und das auch, wenn sie aufgeregt sind.

mit solch einem Pferd also schwieriger. In Wahrheit ist es aber oft besser zu händeln und schneller zu beruhigen als ein introvertiertes. Dafür gibt es zwei Gründe. Einmal liegt es in der Natur der Sache, dass innere Prozesse hier schneller, oder besser gesagt ungehinderter, ablaufen als bei introvertierten Pferden. Zum anderen sind die extrovertierten Pferde in der Regel sensibler, weil ihre Kanäle offen sind. Deshalb reagieren sie auf uns in Stresssituationen nicht selten immer noch besser, als die verschlossenen. Es besteht jedoch andererseits auch immer die Gefahr, dass sie sich in ihre Unsicherheit reinsteigern. Dann reagieren auch sie kaum mehr auf uns.

Extrovertierte Pferde können selbstverständlich ebenfalls sicher oder unsicher sein. Den Unterschied zu erkennen, ist aber viel einfacher als bei den verschlossenen Kandidaten.

Nicht nur Aktivität ist ein Zeichen für Extrovertiertheit, auch wenn ein Pferd an seiner Umwelt teilhat, ist es offen.

002 In diesem Video sehen Sie den Unterschied zwischen einem introvertierten und einem extrovertierten Pferd.

01

02

(K)EINE DRITTE UNTERTEILUNG: DIE ENERGIE

01 Darf es ein bisschen mehr sein?

02 Oder etwas weniger? Die (Bewegungs)Energie kann Eigenschaften abschwächen, verstärken, zum Vorschein bringen oder überdecken.

Eigentlich halten wir noch eine dritte Unterscheidung, basierend auf der Energie der Pferde, für wichtig. Also wie viel Bewegungsdrang, wie viel Power in den Pferden steckt. Ein hohes Maß an (Bewegungs)Energie etwa kann die Extrovertiertheit extremer zum Vorschein bringen, und auch Unsicherheit kann dadurch verstärkt werden, da diese sich beim Fluchttier Pferd ohnehin gerne als Vorwärtsdrang äußert. Introvertierte Anteile werden durch viel Energie häufig übertüncht, was es schwerer macht, Anspannung von introvertiertem Festhalten zu unterscheiden. Haben Pferde dagegen wenig Energie, bleiben sie auch trotz Unsicherheit ruhiger und entspannter. Oder die Sicheren machen einen introvertierten Eindruck, selbst wenn sie extrovertiert sind. Sie stehen dann oft entspannt, nehmen aber trotzdem genau ihre Umwelt wahr. Anhand dieser wenigen Beispiele wird schon deutlich, dass man die Energie der Pferde mit in seine Beobachtungen einrechnen sollte. Doch für die Praxis und vor allem die vereinfachte Darstellung in einem Buch mit Aufzählungen und Schemata macht es die Sache nur unübersichtlich. Da sind die anderen beiden Kriterien erst einmal völlig ausreichend. Im Hinterkopf behalten sollten Sie den Einfluss der Energie trotzdem.

INTROVERTIERTE UND EXTROVERTIERTE ENERGIE

Wir bleiben nämlich direkt beim Thema Energie. Nur auf einer etwas anderen Ebene. Wenn Mensch und Pferd etwas zusammen tun, dann kommt es immer nur auf die Energie an. Sei es nun gute oder schlechte Energie, emotionale, mentale oder physische, zu viel oder zu wenig, starke oder schwache – es ist ausschließlich die Energie des einen, die auf die Energie des anderen reagiert. Energie kann fließen oder sie kann stationär sein, also feststecken. Bei einem Staudamm zum Beispiel, macht man sich diese beiden Eigenschaften zu Nutze. Man kann das Wasser,

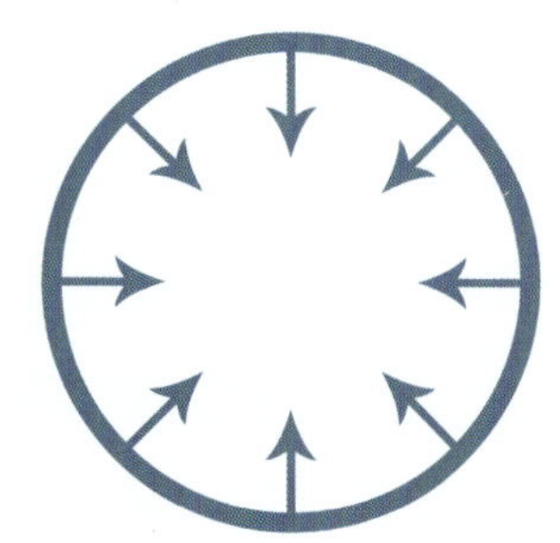

01 Ein Bild für die introvertierte Energie

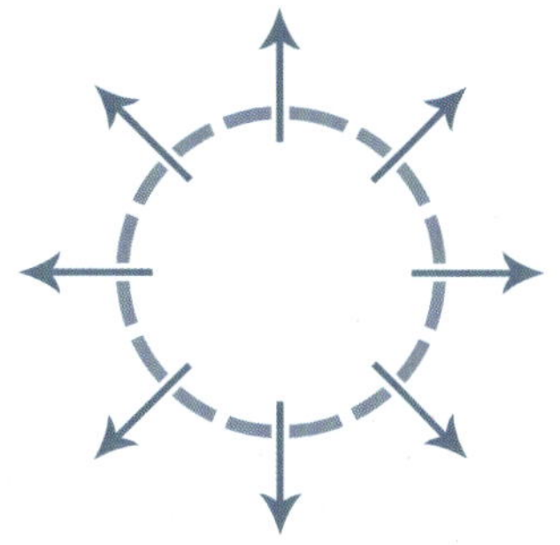

02 Ein Bild für die extrovertierte Energie

und damit die Energie aufstauen, man kann sie aber auch fließen lassen. Diese zwei Merkmale kommen auch bei dem Unterschied von introvertierten und extrovertierten Persönlichkeiten zum Tragen. Um das zu vertiefen und Ihnen eine noch genauere Vorstellung zu vermitteln, haben wir in Abb. 1 und 2 ein anschauliches Bild für Sie. Bilder helfen uns, Zusammenhänge besser zu begreifen und zu verinnerlichen. Außerdem können wir Ihnen daran die Feinheiten der offenen und verschlossenen Energie etwas differenzierter erläutern. Beachten Sie bitte, dass wir jetzt keinesfalls nur Bewegungsenergie meinen, sondern auch mentale und emotionale Kräfte. Unser Modell ist, wie jedes andere auch, zwar unzulänglich, zumal es sich nur bedingt auf sichere Pferde anwenden lässt. Doch um eine Vorstellung von den zugrundeliegenden Mechanismen zu bekommen, eignet es sich gut. Also aufgepasst! Und: Merken Sie sich diese beiden Bilder, denn später werden Sie noch einmal wichtig sein, wenn wir uns mit dem Thema „Pferden helfen“ beschäftigen.

So, wie wir es in Abb. 1 dargestellt haben, können Sie sich ein introvertiertes Pferd vorstellen. Selbstverständlich besitzen diese Pferde, genau wie alle anderen auch, Energie. Ihre Natur verhindert jedoch, dass diese ungehindert fließen kann. Sie machen die Kanäle dicht und wir kommen schlecht an sie heran.

Die introvertierte Energie der sicheren Pferde ist zähflüssig (also fließt zwar, aber eben zäh und langsam), mit zunehmender Unsicherheit hängt sie immer mehr fest, sie staut sich auf und ist auch nicht mehr zusammenhängend, sondern hakt immer wieder.

Auf Abb. 2 sehen Sie unser Modell eines extrovertierten Pferdes. Die Energie kann bzw. muss nach außen entweichen und die Hülle ist durchlässig, um Informationen hereinzulassen. Gerade bei unsicheren Pferden ist es manchmal so, dass es überhaupt keine Barriere mehr zwischen innen und außen gibt, und die Energie wild durcheinander wirbelt. Bei sicheren, extrovertierten Pferden fließt die Energie rund, weich und flüssig. Bei den unsicheren schießt sie nur so durch das Pferd hindurch.

Unsere Amy ist hierfür ein Paradebeispiel. Wenn sie unsicher wird, kann es schon mal passieren, dass sie sich selbst immer weiter in ihre Aufregung hineinsteigert. Sie „ver-rennt“ sich im wahren Wortsinn. Innere und äußere Reize verstärken sich gegenseitig, sodass sie sich in solch einer Situation gar nicht mehr beruhigen kann. Nach wenigen Minuten ist sie fix und fertig und nass geschwitzt. Das Schwitzen ist ein gutes Beispiel dafür, dass aufgeregte Fluchtenergie und Bewegungsenergie sich auch bei den extrovertierten Pferden völlig unterschiedlich auswirken können. Denn, wenn man mit Amy zwei Stunden entspannt ausreiten geht und auch trabt und galoppiert, dann kommt sie oft gar nicht ins Schwitzen. Denken Sie einmal darüber nach, wenn Sie das nächste Mal prustende und schwitzende Pferde sehen – selten spielt (nur) die Anstrengung dabei eine Rolle.

DIE VIER GRUND-PERSÖNLICHKEITEN

Diese beiden Unterscheidungen kombinieren wir jetzt zu unseren vier Grundpersönlichkeiten der Pferde. Dabei kommt das unten abgebildete Diagramm heraus.
An dieser Stelle möchten wir ausdrücklich darauf hinweisen, dass es noch eine Reihe anderer hilfreicher Kriterien und weitere Möglichkeiten der Klassifizierung gibt, mit deren Hilfe man die Persönlichkeit eines Pferdes veranschaulichen kann. Man kann auch völlig andere Begriffe benutzen, die dem einen oder anderen vielleicht besser liegen. Darüber hinaus erheben wir keinesfalls den Anspruch, die Pferdepsyche mit diesem Ansatz tiefenpsychologisch zu durchdringen. Traumata, biochemische Prozesse, Erlebnisse etc. bedürfen einer speziellen Betrachtung. Die von uns angewandte Unterteilung bewährt sich jedoch in der täglichen Praxis immer und immer wieder, und ist dabei simpel und leicht zu merken.

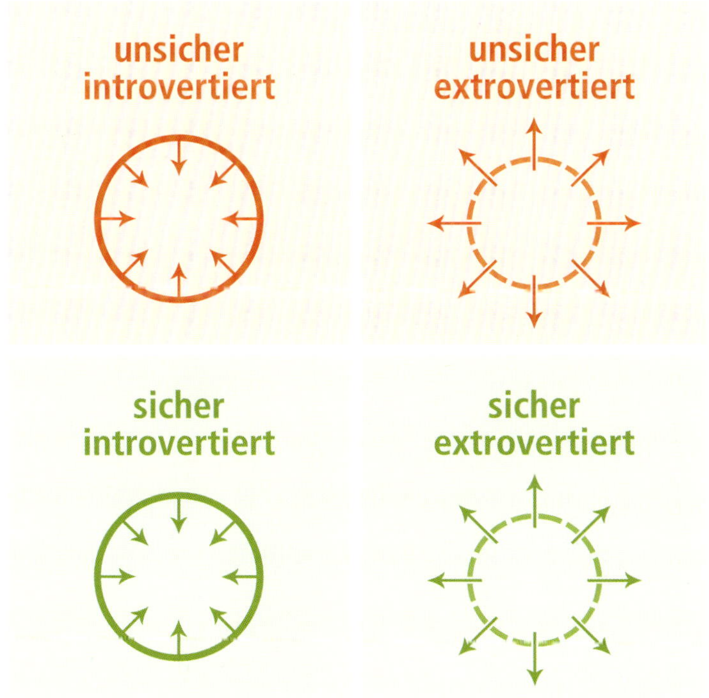

Die vier Grundpersönlichkeiten

PFERDEPERSÖNLICHKEITEN ERKENNEN

Ab jetzt wird es Ihre permanente Aufgabe sein, herauszufinden auf welcher „Seite" Ihr Pferd gerade ist. Dazu nehmen wir uns die jeweiligen Persönlichkeitsquadranten gesondert vor und zeigen Ihnen, wie Sie anhand körpersprachlicher Zeichen erkennen können, welcher Aspekt der Pferdepersönlichkeit gerade im Vordergrund steht. Zusätzlich zu den einzelnen Körperteilen wie Ohren, Augen, Maul, Schweif etc. gehen wir auch auf den Gesamteindruck des Pferdes ein und werden Ihnen zudem aufzeigen, wie die jeweiligen Pferdetypen gerne fehlinterpretiert werden.

Legen Sie unsere Liste der Körperzeichen nicht zu streng aus – auch wenn wir uns Mühe gegeben haben, die typischsten Erkennungsmerkmale der Persönlichkeiten zusammenzutragen. Selten ist alles zu sehen, manche Merkmale sind oft auch gar nicht zu beobachten, oder Sie bemerken vielleicht das Gegenteil der einen oder anderen Beschreibung. Aus diesem Grund bitten wir Sie auch, sich bei unseren Beschreibungen einschränkende Floskeln wie „meistens, oft, häufig", etc. dazuzudenken, sonst müssten wir sie doch allzu oft wiederholen.

Falsche Sehgewohnheiten führen zu Fehleinschätzungen. Hinter einem schicken Postkartenmotiv steckt des Öfteren ein verunsichertes Pferd.

WIE ERKENNE ICH EIN INTROVERTIERTES PFERD, DAS UNSICHER UND ANGESPANNT IST, UND SEINEN KOPF NICHT EINGESCHALTET HAT?

Wenn man sich **das Maul** dieser Pferde anschaut, ist es sehr zusammengepresst. Und zwar nicht nur kurz, sondern auch über einen langen Zeitraum hinweg – sie können eben schlecht loslassen. Es kann regelrecht zusammengekniffen sein und man erkennt gut, wie sehr diese Pferde innerlich festhalten. Bei manchen Exemplaren bildet sich ein richtiges Vakuum im Maul. Peers Pferd Lex ist da ein sehr gutes Beispiel. Wenn Peer ihm den Finger ins Maul steckt, um ihm ein bisschen aus seiner Anspannung herauszuhelfen und Lex sein Maul öffnet, entlädt sich dieser Unterdruck mit einem hörbaren Schmatz-Geräusch. Das alles führt dazu, dass diese Pferde selten lecken und kauen können, ein Zeichen, auf das man immer achten sollte, denn es ist ein recht verlässlicher Hinweis darauf, ob ein Pferd in der Lage ist nachzudenken oder nicht. Sollten sie es doch einmal schaffen zu lecken oder zu kauen, ist es nach außen hin nicht immer offensichtlich. Mal öffnen sie die Lippen und die Zunge bleibt versteckt, mal lecken sie zwar, aber das Maul bleibt verschlossen. Selbst fressen fällt ihnen in diesem Zustand schwer.

Ein guter Test und manchmal eine Hilfe: Je schwerer man ein Pferd auf diese Art zum Schlecken bringen kann, umso mehr hat es sich nach innen zurückgezogen.

Die Augen sind teilnahmslos und der Blick ist nach innen gerichtet oder das Pferd weicht uns (bzw. einem anderen ihm suspekten Objekt) mit den Blicken aus. Es kann den Menschen nicht angucken. Solche Pferde vermitteln den Eindruck, als würden sie schlafen, was nicht der Fall ist. Das erschwert es uns einmal mehr zu identifizieren, ob einem Verhalten Sicherheit oder Unsicherheit zugrunde liegt. Jedoch blinzeln die unsicheren, introvertierten Pferde fast nie. Das ist ein relativ verlässliches Merkmal. Auch auf unseren Kursen denken Menschen oft, ihr Pferd würde schlafen. Doch besonders zu Beginn eines Kurses, in einer fremden Umgebung in einer aufregenden neuen Situation mit anderen unbekannten Pferden, gibt es keinen Grund für sie zu schlafen.

Die Ohren sind, ebenso wie der Blick, nach innen gerichtet, also halb nach hinten gestellt, als wollte das Pferd sagen: „Ich will nichts hören!" Das ist eines der markantesten Merkmale bei den unsicheren, introvertierten Pferden. „Angelegte" Ohren sind demnach nicht immer angelegt und bedeuten auch nicht immer Wut oder Aggression. Auch bewegen diese Pferde ihre Ohren kaum, selbst dann nicht, wenn sie von Insekten gepiesackt werden.

Die Nüstern sind hoch gezogen. Wieder ist der Hintergrund hier der Wunsch dieses Pferdetyps, sich bei Unsicherheit am liebsten in sich selbst zu verkriechen. Manchmal sind beide, manchmal nur eine Nüster

Berücksichtigen Sie auf jeden Fall die äußeren Gegebenheiten: Nicht immer döst ein Pferd, nur weil es die Augen geschlossen hat. Manchmal „beamt" es sich auch aus einer unangenehmen Situation heraus.

angespannt. Ein Kurspferd ist uns da besonders in Erinnerung geblieben: Eine Stute hatte am Anfang des Kurses beide Nüstern hoch gezogen, am ersten Abend war die eine Seite schon entspannt und am nächsten Nachmittag war die zweite dann auch entspannt, was alle Kursteilnehmer zu unserer Freude als bedeutende Veränderung wahrgenommen haben.

Der Schweif ist eingeklemmt und zeigt wenig Bewegung. Die Pferde schlagen damit kaum nach Fliegen – ähnlich wie wir es bei den Ohren beobachten können. In diesem Zustand sind sie gedanklich einfach zu weit entfernt, um sich im Hier und Jetzt um Fliegen kümmern zu können.

Kopf und Hals halten die Pferde auf Halbmast, also waagerecht oder nach unten. Es wirkt so, als wollten sie den Kopf in den Sand stecken, was manche auch sicher täten, wenn sie es könnten. Insgesamt ist wenig Bewegung des Kopfes zu erkennen. Auch der Hals ist unbeweglich. Wenn Sie Ihr Pferd beispielsweise biegen wollen, dann fühlt sich das sehr zäh an. Die Halsbiegung ist ein guter Prüfstein dafür, inwieweit ein Pferd bereit ist, Ihnen seine Sicherheit anzuvertrauen und seine Entspannung zur Verfügung zu stellen. Im Gegensatz zu ihrer Power (Versammlung) geben sie diese nämlich nur her, wenn sie mit sich selbst und auch mit ihrem Menschen sicher sind.

Die Beine bewegen sich zögerlich und zäh. Das Laufbild ist nicht flüssig, sondern steif und stockend. Oft können sich die Beine überhaupt nicht mehr bewegen und die Pferde kommen auch mental weder vor noch zurück. Beim Verladetraining sieht man das manchmal sehr gut. Sie

Hier ist an Augen, Ohren, Maul und Nüstern gut zu erkennen, wie sich ein angespanntes Pferd aus Unsicherheit nach innen entzieht.

wollen eigentlich weg, die Beine zittern, aber der Geist und damit auch der Körper stecken in der Situation fest und sie stehen einfach nur wie angewurzelt da. Manchmal, wenn sie in Bewegung gebracht wurden, sind sie schwer anzuhalten, weil sie mental abgeschaltet haben.

Der Atem ist flach. Wir erinnern uns: Wenn man nach innen orientiert ist, fällt es schwer, Dinge hinein- oder herauszulassen, da macht auch Luft keine Ausnahme. Diese Pferde schaffen es u. a. deswegen auch nicht, ihre Nase zum Riechen und Untersuchen einzusetzen. Selbst dann nicht, wenn sich ein interessanter Mensch oder ein Objekt direkt vor ihnen befindet. Das hat eine große Bedeutung, denn die Nase ist für Pferde so etwas wie für uns die Hände, sie dient dazu, Dinge zu untersuchen und zu „begreifen". Darüber hinaus ist das ein sichtbares Zeichen für die Verbindung von Pferd zu Mensch. Dazu sind aber zwei Voraussetzungen nötig: Die Pferde müssen erstens offen sein und zweitens ihren Kopf einschalten – beides ist für die introvertierten Unsicheren leider schwierig.

Der Körper insgesamt wirkt zäh. Er ist nicht bretthart angespannt wie bei den extrovertierten Unsicheren, aber die Bewegungen sind auch nicht geschmeidig, sondern zögerlich und fallen dem Pferd merklich schwer. Es ist nicht so, dass sie sich nicht bewegen wollen, sie können einfach nicht.
Auch wenn diese Pferde von außen betrachtet ruhig wirken, kann man deren Unsicherheit und Anspannung daran erkennen, dass sie öfter äppeln, als sie dies im Normalfall tun würden. Jedoch auch wiederum nicht ganz so viel wie die aufgeregten Extrovertierten, denn auch ihre Äppel behalten sie gerne für sich.

Selbst wenn sich ein Gegenstand direkt vor ihnen befindet, können diese Pferde ihre Nase nicht benutzen.

Achtung: Unsicherheit oder Unlust? Dieser entscheidende Unterschied ist bei den Introvertierten nur schwer zu erkennen.

Vom **Gesamteindruck** wirken sie versteinert und abwesend oder in sich verschwunden. Erkennt man das nicht, und versucht dann auch noch mit (zu) viel Druck eine Reaktion zu erzwingen, verkriechen sie sich zuerst zwar noch tiefer in sich hinein, dann aber explodieren sie förmlich. Stellen Sie es sich als physikalisches Phänomen vor. Wenn man nur genug Druck auf einen Gegenstand ausübt, endet das früher oder später in einer Explosion. Bei Lebewesen funktioniert das ähnlich. Dabei wird die geballte (mentale und emotionale) Energie, die bis dahin festgehalten wurde, auf einen Schlag nach außen freigesetzt. Durch ihre Flucht nach innen haben die Pferde vielleicht nicht einmal richtig mitbekommen, was um sie herum geschieht. Jetzt kommt alles auf einmal. Das kann schnell gefährlich werden, weil es jetzt aus Pferdesicht ums blanke Überleben geht.

Dieser Typ Pferd bzw. dieser introvertierte, angespannte Zustand, wird am häufigsten missverstanden und fehlinterpretiert. Aussagen wie: „Es ist wieder nur stur!" oder „Die hat einfach keinen Bock!" oder „Der verarscht mich wieder!" sind an der Tagesordnung. Manchmal werden diese Pferdetypen sogar für träge oder gemütlich gehalten. Doch nichts könnte weiter von der Wahrheit entfernt sein. Sie sind nicht stur, unsensibel oder unberechenbar, sie wissen einfach nicht, wie sie aus sich herausfinden oder mit zu viel Druck umgehen sollen. Ihre Energie hängt einfach fest. Doch mit ein bisschen Übung im genauen Beobachten hoffen wir, dass Sie in Zukunft solche Vorurteile durchschauen werden und vielleicht sogar anderen Pferdebesitzern die Augen öffnen können.

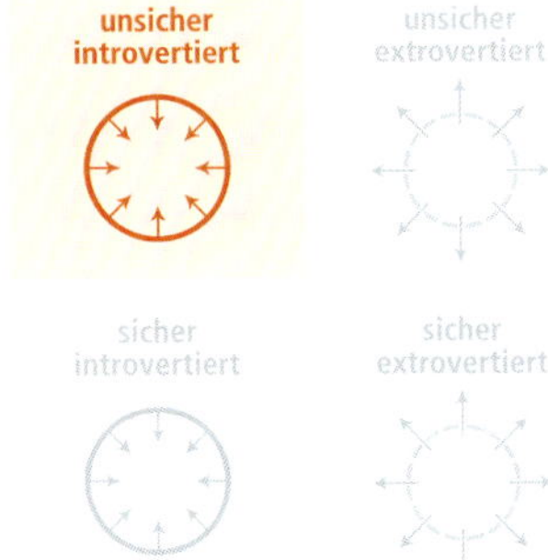

WIE ERKENNE ICH EIN EXTROVERTIERTES PFERD, DAS UNSICHER UND ANGESPANNT IST, UND SEINEN KOPF NICHT EINGESCHALTET HAT?

Hier fangen wir ausnahmsweise mit einem ganz allgemeinen Eindruck an, damit Sie ein klares Bild dieses Charaktertyps haben. Denn jetzt haben wir das typische Fluchttier vor uns, so wie man es sich vorstellt. Das bedeutet Überlebensmodus gepaart mit dem Bedürfnis, alles, was in ihnen vorgeht, nach außen zu zeigen und vor allem alles, was um sie herum passiert, genau mitzubekommen.

Augen, Ohren und Nüstern sind aus diesem Grund auf Dauerempfang. Sämtliche Bewegungen, Objekte, Geräusche und Gerüche bergen potenziell Hinweise auf Gefahren und müssen gescannt werden. Die Sinnesorgane sind pausenlos in alle Richtungen aufnahmebereit. Die Ohren bewegen sich schnell von vorne nach hinten, die Nüstern sind weit offen und „pumpen" so viel Luft inklusive Gerüche ein und aus wie möglich und die Augen sind ebenfalls weit geöffnet und teilweise verdreht. Die gleiche unbewusste Reaktion kann man auch bei sich selbst beobachten, wenn man in eine Gefahren- oder Schrecksituation gerät. Bei einigen Pferden sieht man dann das Weiße in den Augen, wenn sie hinten etwas hören, aber vorne gleichzeitig etwas anderes sehen wollen, oder umgekehrt. Geht die Unsicherheit von einem bestimmten Objekt aus, dann kann die volle Aufmerksamkeit auch mit gespitzten Ohren in diese Richtung gehen.

Extrovertiert, angespannt, unsicher und ein ausgeschalteter Kopf. Das sind die Zutaten für ein echtes Fluchttier.

Bei den unsicheren Extrovertierten ist Wiehern oft die verzweifelte Frage: Wo ist meine Herde?

Wiehern müssen diese Pferde auch oft. Es ist kein freudiges Begrüßen, sondern ein panischer Hilferuf: „Wo seid ihr?“ Auch schnauben sie manchmal, aber wenn man darauf achtet, spürt man schnell den Unterschied zwischen einem entspannten Abschnauben oder der angespannten stressigen Variante. Sie können auch, wie Jennys Amy, empfindlich an der Nase sein und bei bestimmten Kopfstücken unentwegt abwehrend prusten.

Das Maul bei diesen Pferden ist, aufgrund der Anspannung, wie bei den Introvertierten zusammengepresst, aber weil bei den Extrovertierten alle Prozesse im Körper auch schneller ablaufen, können die Pferde in der Regel trotzdem immer wieder lecken und kauen.

Der Kopf und der Hals sind zwar für uns, wenn wir etwas von den Pferden wollen, einigermaßen unbeweglich, trotzdem bewegen sie beides pausenlos hin und her. Das ist wichtig, um alles mitzubekommen, schließlich befinden sich am Kopf die wichtigen Sinnesorgane. In der Regel sind Kopf und Hals angespannt nach oben gereckt oder, je nachdem wo sich ein gefährliches Objekt befindet, auch nach unten vorne gestreckt. Oft passiert das abwechselnd in hektischer Folge. Das hat unter anderem mit dem Mechanismus zu tun, mit dem das Pferdeauge Objekte in der Nähe und in der Ferne fokussieren kann. Diese Pferde entscheiden sich permanent um, was sie gerade unbedingt wahrnehmen müssen. Nur, wenn sie vor einer ganz konkreten Sache Angst haben, dann fixieren sie diese mit hohem Kopf und angespanntem Hals. Um den Stress loszuwerden, sieht man sie auch häufig den Kopf drehen oder kreiseln. Das tun aber mitunter auch sichere Pferde, etwa aus Übermut. Die unsicheren Extrovertierten suchen sich unter Umständen sogar gefährliche Objekte, da sie dann ein Ziel für ihre Fluchtenergie haben und sie loswerden können.

Die Beine können nicht stillstehen. Die Pferde bewegen sie unkoordiniert in alle Richtungen und stolpern auch mal über ihre eigenen Füße. Die erste Priorität eines Fluchttieres ist schließlich: „Beweg deine Beine! Irgendwie und irgendwo hin.“ Dies geschieht nicht unbedingt bewusst, sondern sie hüpfen instinktiv und abrupt weg oder geben aus dem Stand Vollgas. Engpässe müssen in diesem Modus schnell und ohne Rücksicht auf Verluste durchquert werden.

Der Atem ist schnell und unregelmäßig. Er ist nicht flach wie bei den introvertierten Pferden, sondern sehr deutlich zu erkennen und auch oft zu hören. Sie prusten ihn teilweise heraus („Drachenpferd“). Auch hier zeigt sich wieder die Eigenschaft, möglichst viel hinein und wieder heraus zu lassen. Die Informationen müssen rein, die Energie muss raus!

Die Sinnesorgane sind auf Empfang. Die extrovertierten Unsicheren müssen alles mitbekommen, um Gefahren sofort zu bemerken.

Jeder Muskel **im Körper** der extrovertierten Pferde ist bretthart angespannt – im Gegensatz zu den Introvertierten, bei denen die Muskeln auch fest sind, aber eher zäh.
Die Extrovertierten müssen jederzeit bereit sein zu flüchten, und alle Bewegungen sind schnell und plötzlich. Sie können dabei aber dennoch erstaunlich sensibel auf uns bleiben. Das hat zwar den Nachteil, dass sie auch auf unsere Fragen überreagieren können, hat aber auch Vorteile: So wild sie oft aussehen, so selten reißen sich Pferde in diesem Zustand (absichtlich) los. Obwohl das bei näherer Betrachtung nicht einmal so verwunderlich ist, denn schließlich ist auch die Haut ein Sinnesorgan und nimmt das Gefühl bzw. den Druck über ein Halfter, gerade durch den Stress des Fluchttiermodus sehr gut wahr.
Die unsicheren, extrovertierten Pferde schwitzen schneller als die introvertierten. Ein gutes Beispiel dafür sind unsere beiden Pferde Lex und Amy. Bei Unsicherheit ist Amy die Extrovertierte und Lex tendenziell ein introvertierter Vertreter. Wir hatten den Eindruck, dass sie früher bei Übungsfahrten im Anhänger etwa in gleichem Maße aufgeregt waren. Aber Amy hatte während dieser Fahrten immer geschwitzt, wobei das bei Lex nie der Fall war.

Der Körper ist unter Dauerspannung.

Überreaktion? Das Pferd sieht das anders!

Mit dem **Äppeln** verhält es sich ähnlich. Bekanntermaßen äppeln alle unsicheren Pferde mehr als die sichereren. Doch die Extrovertierten tun das noch ein bisschen häufiger, weil sie nichts gut bei sich behalten können. Übrigens: Äppelt ein Pferd von sich aus ohne stehen zu bleiben, ist es eigentlich immer im Fluchtmodus. Man kann Pferden natürlich beibringen während des Äppelns weiterzulaufen, und manchmal ist das sogar sinnvoll, aber man sollte im Hinterkopf behalten, dass das von der Natur als reine Überlebensstrategie konzipiert ist.

Vom **Gesamteindruck** her reagieren diese Persönlichkeiten hypersensibel auf alles, was um sie herum passiert – das typische Fluchttier eben. Für die Fragen von uns Menschen ist dann keine Kapazität frei.

Fehlinterpretiert werden sie selbstverständlich auch. Viele Pferdebesitzer haben den Eindruck, ihr Pferd stellt sich einfach nur an und es spinnt, weil wir als Menschen das Gefühl haben, dass sie wegen Kleinigkeiten überreagieren. Durch ihre Hypersensibilität in Kombination mit Unsicherheit und Angst, nehmen sie Geräusche und Bewegungen aber auch viel extremer und bedrohlicher wahr. Stellen Sie sich vor, wie es sich anfühlt, nachts alleine durch einen Park zu laufen. Jeder knackende Ast treibt Ihnen einen eiskalten Schauer über den Rücken. Nun, in der Welt der Pferde kann jeder knackende Ast das Letzte sein, was man im Leben hört. Da ergeben Überreaktionen schon mal Sinn. Nicht zuletzt sichert gerade dieses Verhalten immerhin seit einigen Millionen Jahren das Überleben der Pferde und ihrer Vorfahren.

Das Maul eines introvertierten, sicheren Pferdes ist verschlossen, aber nicht zwangsläufig verbissen.

WIE ERKENNE ICH EIN INTROVERTIERTES PFERD, DAS SICHER UND ENTSPANNT IST, UND SEINEN KOPF EINGESCHALTET HAT?

Auch bei diesen Pferden ist **das Maul** häufiger verschlossen, weil sie ja vermehrt nach innen orientiert sind. Was nicht bedeutet, dass nicht auch introvertierte Pferde ein lockeres Maul oder gar eine Hängelippe haben können. Das Lecken und Kauen fällt ihnen viel leichter als den Unsicheren. Sie sind recht futtergesteuert und wissen immer ganz genau, wo bei welchem Menschen ein Leckerchen zu finden ist. Wenn sie allerdings zu genervt sind, kann es durchaus mal sein, dass sie auch dominant werden, und ihrem Menschen durch Zwicken und Beißen zu verstehen geben: „Geh weg, lass mich in Ruhe!" oder „Rück die Leckerchen raus, und keiner wird verletzt!"

Wir haben schon darauf hingewiesen, dass introvertierte Pferde sehr bewusste **Energiesparer** sind. Das gilt für die Sicheren ganz besonders. Ihre Energie ist ihnen heilig. In sicherer Stimmung befinden sie sich zwar in keiner bedrohlichen Lage, rechnen also nicht damit fliehen zu müssen und müssten ihre Energie auch eigentlich nicht dafür aufsparen. Dennoch ist es für Fluchttiere eben grundsätzlich wichtig, ihre Energie nicht sinnlos zu verschwenden. Das könnte ihnen bei einer Raubtierattacke zum Nachteil gereichen und ihr Todesurteil bedeuten. Dieses genetische Erbe ist so fest verankert, dass es auch greift, wenn die Pferde sicher sind. An dieser Stelle erinnern wir Sie auch gerne noch mal daran, dass Pferde zwischen Feindabwehr, Nahrungsaufnahme und sozialen Reibereien ein stressiges Leben haben können und daher ihre Ruhe genießen. Was wir damit eigentlich nur unterstreichen wollen ist, dass sie nicht einfach nur faul sind, um uns zu ärgern.

Die Augen wirken neutral bis abwesend, der Blick ist aber weich. Diese Pferde genügen sich selbst und brauchen uns Menschen nicht wirklich. Das Interesse an uns und unseren Ideen hält sich in Grenzen. Wenn die unsicheren Introvertierten den Menschen nicht anschauen können, würden wir hier bei den sicheren Introvertierten sagen, sie wollen den Menschen nicht anschauen. Sie denken sich: „Ja, ja, zeig du mir erst mal, dass du wirklich etwas drauf hast!" Und wenn sie könnten, würden manche sogar genervt die Augen gen Himmel rollen.
Ein wesentlicher Unterschied zu den unsicheren Pferden besteht darin, dass die sicheren blinzeln können. Das Blinzeln verrät uns viel über das Pferd. Es ist ähnlich dem bekannten Lecken und Kauen ein weiteres deutliches Indiz dafür, dass ein Pferd entspannen und nachdenken kann. Worüber es gerade nachdenkt, das ist dann freilich eine andere Frage.

Die Ohren haben eine entspannte Stellung, sie werden locker zur Seite oder auch ein wenig nach hinten gehalten. Das ist typisch Energiesparer: Die Ohren zu spitzen, wäre ja viel zu anstrengend, es sei denn es passiert etwas wirklich Spannendes oder Lohnenswertes. Unsere abgeklärten „Intros" können aber auch die Dominanzkarte ausspielen. Schließlich sind sie die souveränen Pferde, die sich nicht einfach von jedem etwas sagen lassen. Dann sind die Ohren flach nach hinten angelegt. Das Wort Dominanz benutzen wir eigentlich nicht gerne. Es hat einen unguten Beigeschmack. Es legt nahe, dass Pferde, um in die Chefposition zu gelangen, bewusst gegen uns arbeiten. Das tun sie natürlich auch, doch der Grund dafür ist fast nie bei ihrer eigenen Dominanz, sondern vielmehr bei unserer Inkompetenz zu suchen. Meist liegt es daran, das wir zu unfreundlich und gleichzeitig nicht effektiv sind oder ungerechtfertigte und zu langweilige Aufgaben stellen.

Ein introvertiertes, sicheres Pferd hat die Ohren meist seitlich abgestellt.

Der Schweif ist locker, also weder richtig eingeklemmt, noch wird er hochgehalten. Die sicheren Introvertierten schlagen auch nicht nervös mit dem Schweif, sondern setzen ihn möglichst gezielt ein, um sich von Fliegen oder auch vom Druck unserer Fragen zu befreien.

Die Position des Kopfes und des Halses liegt ganz bequem etwa in der Waagerechten oder ein bisschen darunter. Besonders der Hals bleibt deutlich entspannter als bei den unsicheren Pferden, ist deshalb aber nicht automatisch leichter zu biegen. Wie so oft können die Unsicheren nicht, wohingegen die Sicheren nicht wollen.

Die Beine bewegen diese Pferde entspannt und gezielt. Sie wissen genau wo sie ihre Hufe hinsetzen. Das zeigt sich generell beim Laufen, im Gelände und bei Hindernissen (Podest, Wippe etc.), aber auch wenn sie beispielsweise austreten, was sehr treffsicher und fast langsam, gewissermaßen „mit Ansage" vonstatten geht. Oft haben sie ein Hinterbein entspannt abgestellt. Auch die unsicheren Introvertierten tun das, aber man erkennt bei genauerem Hinsehen deutlich den Unterschied zwischen einer entspannten Beinhaltung und einem Pferd, dass in dieser Haltung angespannt verharrt.

Vielleicht ein bisschen gelangweilt, dafür aber sicher ist dieses introvertierte Pferd.

Sichere „Intros" genügen sich selbst, auch trotz unserer Gesellschaft.

Dem Körper insgesamt sieht man schon an, dass alles auf Verhaltensökonomie zugeschnitten ist, wie das Energiesparen in der Sprache der Verhaltensforscher genannt wird. Es gibt wenig (unnötige) Muskelspannung, die Bewegungen reichen von zäh und träge bis hin zu locker, aber nicht schwungvoll. Diese Pferdepersönlichkeiten sind schwer in Bewegung zu setzen aber leicht wieder anzuhalten. Wenn ihnen etwas nicht passt, bocken sie lieber als zu rennen, und nicht nur deswegen schwitzen sie auch wenig.

Gesamteindruck: Der sichere, introvertierte Typ Pferd ist häufig mit sich selbst beschäftigt. Er braucht keine Menschen. Sie wollen zu viel von ihm und sind sowieso zu inkompetent. Aus diesem Grund greift er auch mal auf offensivere Mittel zurück um sich seine Ruhe zu verschaffen. Dabei bleibt er immer Minimalist, das heißt, er weiß genau, wie man mit dem geringsten Aufwand viel erreicht. Er ist ein Meister des altbekannten Prinzips „Wer bewegt wen?" und handelt stets planvoll. Besser gesagt: Er tut Dinge absichtlich, weil er immer bestrebt ist, den einfachsten Weg zu finden. Wenn er etwas tut oder wenn er etwas nicht tun, dann meist, weil er es einfach so will. Der große Vorteil der ruhigen Minimalisten ist, dass sie die typischen Verlasspferde verkörpern. Man braucht sich keine Sorgen zu machen, dass sie beim Ausritt durchgehen. Kurz: Von fauler Strick über Verlasspferd bis hin zu Dominanzgehabe ist alles drin.

Fehlinterpretiert werden sie als stumpf und dumm, dabei sind sie nur schlau genug, nicht einfach alles zu machen was man von ihnen verlangt. Und wenn man weiß wie, kann man ihnen schnell etwas beibringen. Dominant sind sie auch nicht wirklich. Sie wissen diese Trumpfkarte zwar sehr gut auszuspielen und scheinen genervt, reagieren damit aber in den meisten Fällen nur darauf, dass wir uns entsprechend subdominant verhalten.

WIE ERKENNE ICH EIN EXTROVERTIERTES PFERD, DAS SICHER UND ENTSPANNT IST, UND SEINEN KOPF EINGESCHALTET HAT?

Unsere letzte Kategorie ist diejenige, die von den unsicheren, introvertierten Pferden am weitesten entfernt ist. Daher ist auch die gesamte Körpersprache das genaue Gegenteil von diesen.

Das Maul ist locker, beweglich und untersucht viel – sowohl Gegenstände als auch uns. Wenn jemand mit einem Pferd durch die Stallgasse geht und alle zwei Meter fällt irgendetwas lautstark um, dann ist das sicher so ein Pferd. Diese Pferde beißen und zwicken auch gern einmal, jedoch im Gegensatz zu den sicheren Introvertierten ist es hier eher als Spielaufforderung zu verstehen. Die Aussage ist also nicht: „Geh weg, lass mich in Ruhe!“ sondern vielmehr: „Los, komm, mach mal was mit mir!“ Diese Pferde gähnen auch öfter als die anderen. Wenn ein Pferd

Gähnen kann vieles bedeuten, z. B. dass Anspannung abfällt.

gähnt, dann heißt das selten, dass es müde ist. Manchmal hat es mit Langeweile und Stress zu tun (Übersprungshandlung), aber meistens zeigt es, dass Anspannung abfällt und es sich von introvertiert zu extrovertiert oder von unsicher zu sicher hin verändert.
Bei den extrovertierten, unsicheren Pferden haben wir gesagt, dass sie alles mitbekommen müssen, weil es für sie nur darum geht, den nächsten Moment zu überleben. Bei den sicheren Extrovertierten ist ebenfalls alles auf Empfang geschaltet, doch anders als im Fluchtmodus wollen sie unbedingt alles mitbekommen. Sie haben kein Sicherheitsproblem, sondern Lust etwas zu unternehmen und suchen deshalb nach guten Gelegenheiten. Man könnte sagen, sie sind offen aus Interesse und nicht aus Sorge. Aus diesem Grunde sind auch die Sinnesorgane immer in Aktion.

Die sicheren „Extros" wollen alles mitbekommen und sind sehr offen und interessiert an ihrer Umgebung. Bei Mickys Augen sieht man hervorragend, dass er selbst beim Grasen noch nach etwas Interessantem Ausschau hält.

Die Augen sind wach und interessiert, der Blick bleibt aber dabei weich. **Die Nüstern** nehmen Gerüche auf, sind aber nicht angespannt, sondern locker. **Die Ohren** sind in der Regel interessiert nach vorne gerichtet. Oder sie achten entspannt auf Umgebungsgeräusche, die sie sehr selektiv wahrnehmen, ohne sich hektisch pausenlos hin und her zu bewegen. Sie können auch mehr oder weniger eng angelegt sein, was jedoch bei diesen Pferden in moderater Form eher als Herausforderung oder spielerisches Imponiergehabe gemeint ist. Oder es kann in etwas deutlicher Ausprägung auch zu Dominanz und Aggression wechseln, wenn Sie Ihrem Pferd nicht kompetent genug erscheinen. Besonders tritt das in Fällen auf, in denen Sie zu viel verlangen oder Ihrem Pferd etwas verbieten wollen (das Grasen z. B.). Während ein introvertiertes, sicheres Pferd in solchen Situationen passiv, stoisch seinen Plan durchzieht, wird unser extrovertierter sicherer Vertreter es eher aktiv auf eine Konfrontation ankommen lassen.

Das Brummeln ist ein Geräusch der sicheren Pferde (auch der introvertierten). Sie tun es aus Wiedersehensfreude oder in Erwartung eines Apfels oder einer Möhre.

Der Kopf und der Hals müssen sich natürlich zusammen mit den Augen und Ohren bewegen. Der Hals ist leichter zu biegen als im introvertierten oder im unsicheren Zustand. Die Biegsamkeit des Halses haben wir nun schon hier und da als Kriterium erwähnt, denn gerade beim Reiten ist sie einer der wichtigsten Prüfsteine für unsere Sicherheit. Ein fester, gerader Pferdehals bringt Menschen auf Pferden in große Schwierigkeiten. Häufig sieht man auch diese Pferde mit dem Kopf schütteln, nicken oder kreiseln. Das tun sie bei Langeweile oder falls ihnen etwas nicht passt und ist außerdem zu beobachten, wenn sie ihren Bewegungsdrang nicht ausleben können. Sind wir ihnen zu langweilig, sagen sie das deutlich, indem sie mit dem Kopf schubsen oder sich an uns schubbern.

Beim wilden Spiel wird Sally oft zum spanischen Hengst. Ob das noch in die Kategorie Lausbub fällt oder schon gefährlich wird, hängt zum einen davon ab, wie gut wir darauf vorbereitet sind und zum anderen, wie wir auf diese Energie eingehen.

Die Beine machen lockere bis sehr schwungvolle Bewegungen, die das Pferd in der Regel gut kontrollieren kann. Auch mit den Beinen können sie imponieren, indem sie zum Beispiel schlagen und stampfen, seltener auch mal kicken. Wenn man damit umgehen kann, kann man diesen Pferden leicht den spanischen Schritt oder das Steigen beibringen. Das ist eine gute Möglichkeit sie auf unsere Seite zu bringen. Es macht unglaublich viel Spaß mit ihnen zu spielen, weil ganz viel wilde, aber kontrollierte Energie vorhanden ist. So kommt schnell eine Menge Tempo ins Spiel und trotzdem ist die Verbindung sehr stark. Aber Achtung: Das kann auch in die Hose gehen, weil gerade das Toben, Steigen oder spanischer Schritt zum Angeben geeignet sind und das Selbstvertrauen mitunter etwas zu sehr steigern. Achten Sie immer auf eine sehr gute Privatzone und schätzen Sie Ihre eigenen Fähigkeiten realistisch ein!

Körper: Im Großen und Ganzen machen diese Pferde (wenn sie viel Energie haben) schwungvolle, dabei aber lockere, flüssige und bewusste Bewegungen. Sie sind nicht verspannt, sondern sie haben eine tolle positive Spannkraft. Das ist genau der Typ Pferd, den sich der ambitionierte Dressurreiter für ein Turnier wünschen würde. Sie wollen zeigen, was sie können und das sieht dann auch wirklich imposant aus. Pferde mit weniger Energie bewegen sich weich, geschmeidig und sind biegsam.

Gesamteindruck: Dieser Typ ist lebhaft, sehr offen, neugierig und an allem interessiert. Ein Paradeexemplar können Sie im Video auf S. 39 bewundern. Star des Films ist Peers Lex, der eigentlich introvertiert ist, aber auf einem pferdeleeren Hof, auf dem wir ein paar Tage Urlaub gemacht hatten, an wirklich allem interessiert war. Diese Persönlichkeit kann sich aber auch leicht in Richtung Lausbub entwickeln, der sich ständig irgendetwas einfallen lässt, was wir Menschen gerade nicht brauchen können. Manchmal werden sie dann provokativ bis hin zu respektlos. Wenn sie uns beim Reiten loswerden möchten, neigen sie eher zum Steigen und Rennen als zum Bocken.

Eine häufige Fehleinschätzung diesen Pferden gegenüber ist auch tatsächlich der Vorwurf, sie seien dominant. Oder es wird ihnen nachgesagt, dass sie nur Blödsinn im Kopf haben. Doch das trifft auch auf Peer zu, und er selbst sieht das, ebenso wie die Pferde, natürlich ganz anders. Wie alle anderen Lebewesen auch, finden nämlich diese Pferde ihre eigenen Ideen klasse, sonst hätten sie sie ja nicht. Und bis auf Weiteres gibt es in Ihren Augen ja ohnehin keine schlechten oder guten Ideen, denn Sie erinnern sich: Noch sind wir beim wertfreien Beobachten. Also versuchen Sie, diese Veranlagung der Pferde nicht allzu negativ zu sehen, sondern lernen Sie, sie zu nutzen. Natürlich gelten aber hier, wie bei den anderen Persönlichkeiten auch, immer gewisse Basisregeln und -grenzen. Und die sollten Sie auch durchsetzen, bevor Sie Bissspuren in Ihrem teuren Sattel haben oder Ihr neues Smartphone mit gesprungenem Display auf dem Boden der Stallgasse oder gar unter dem Pferdehuf landet. Denn das ist etwas anderes, als ein paar Freudensprünge an der Longe zu vollführen.

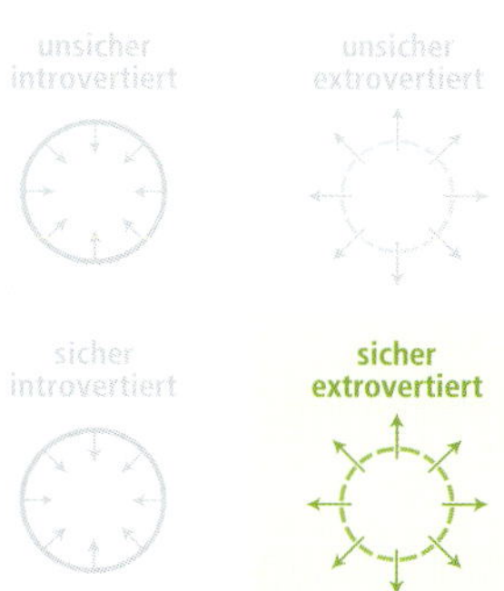

Den sicheren Extrovertierten wird oft vorgeworfen, sie hätten nur Blödsinn im Sinn – wir wissen gar nicht, wie man darauf kommen kann ...

UNSERE WICHTIGSTEN TIPPS ZUM BEOBACHTEN

KLARE GRENZEN GIBT ES SO GUT WIE NIE

Sicher haben Sie in unserer Aufzählung auch Ihr Pferd schon wiedergefunden. Richtig? Oder vielleicht doch nicht? Sind Sie sich etwa nicht so ganz sicher, weil es ein bisschen hiervon und ein bisschen davon hat? Dann sind Sie nicht alleine. Denn es gibt selten Pferde, die zu hundert Prozent in die eine oder andere Kategorie fallen. Wir haben diese Auflistung zwar Pferdepersönlichkeiten genannt, das heißt aber nicht, dass die Persönlichkeit etwas Starres, Unflexibles ist. Wir möchten explizit vor Schubladendenken warnen. Nur weil ein Pferd oft sicher oder extrovertiert ist, darf man es nicht allein darauf beschränken.
In verschiedenen Situationen kommen eben unterschiedliche Facetten der Persönlichkeit zum Vorschein. Jennys früheres Pferd Paul war beispielsweise mehr der introvertierte Typ, wenn er sich sicher gefühlt hat und wurde zum extrovertierten Vollblüter, wenn er Angst bekam. Bei Peers Pferd Lex ist es eher umgekehrt. Er ist extrovertiert, wenn er sich sicher fühlt und verschwindet in sich bei Unsicherheit.
Wir können daher nicht ganz so einfach von einzelnen Verhaltensweisen in speziellen Situationen auf eine allgemeine Persönlichkeit schließen und anders herum funktioniert das ebenfalls nicht. Viele Pferde haben zwar eine Grundkonstitution, eine Art Baseline oder einen Grundton, der ihr Wesen maßgeblich bestimmt, doch darüber hinaus verhalten sie sich auch oft genug anders, als man es von ihnen erwartet. Um sinnvoll mit unseren Beschreibungen umzugehen, und um sie nachhaltig zu nutzen, sollten Sie nicht in erster Linie herausfinden, was für ein Pferd Sie grundsätzlich haben, sondern sich fragen, welche Aspekte oder Eigenschaften jetzt im Moment im Vordergrund stehen. Auch gibt es innerhalb einer Kategorie viele Abstufungen und Ausprägungen. Manche sind zum Beispiel eher menschenbezogen, manche

01 Die gleiche Situation, dasselbe Pferd, …

02 … eine Sekunde Unterschied, zwei verschiedene Typen

01

02

01

02

wehren sich bei Unsicherheit früher usw. So kann es vorkommen, dass sich ein introvertiertes, sicheres Pferd von einem anderen sicheren, introvertierten Pferd vollkommen unterscheidet, und man sie doch beide als solche gut erkennen kann.

KÖNNEN PFERDE AUCH IHRE PERSÖNLICHKEIT ÄNDERN?

Das ist eine Frage, die uns immer wieder gestellt wird. Es ist natürlich so, dass gewisse Charaktereigenschaften angeboren sind. Andere Merkmale sind wiederum durch äußere Einflüsse entstanden. Hier können Menschen ebenso auf die persönliche Entwicklung des Pferdes einwirken, wie Artgenossen oder der Ort, an dem das Pferd lebt. Grundsätzlich können wir davon ausgehen, dass Anlage und Umwelt gemeinsam die Entwicklung des Pferdes bestimmen. Der Charakter ist also nicht in Stein gemeißelt. Er kann sich ständig auch äußeren Gegebenheiten anpassen und sich darauf einstellen. Pferde entwickeln aus Erfahrungen z. B. schnell neue Strategien, um den Umgang mit verschiedenen Situationen zu optimieren. Und gerade in Bezug auf das, was wir im vorherigen Abschnitt gesagt haben, sollte es auch nicht verwundern, dass es immer die Möglichkeit zur Veränderung gibt, ob absichtlich oder zufällig, ob zum Guten oder zum Schlechten. Wenn man von vorneherein Dinge einfach als unabänderlich einstuft, nimmt man sich und dem Pferd viele Möglichkeiten zur Weiterentwicklung. Auch ein Vollblüter kann lernen ruhig am Anbinder zu stehen und ein Shetty kann hohe Lektionen lernen. Jedoch passiert es eher selten, dass Pferde eine 180-Grad-Wendung vollziehen. Wir beantworten diese Frage daher mit einem entschiedenen Jein.

01 *Auch wenn ein Pferd wie hier häufig seine Stimmung ändert, seine Sicherheit verliert oder seine Entspannung wiederfinden kann, ist eine echte Persönlichkeitsänderung die Ausnahme.*

02 *Wir können aber die positiven Seiten des Charakters fördern, dann sieht es so aus, als hätte man ein Pferd in ein anderes verwandelt.*

01

02

01 Mikro-Ausdrücke: Nur bei genauem Hinschauen verraten die Ohren und auch die Augen den Unterschied.

02 Zuerst ist Lex noch ein bisschen verschwunden und kommt dann langsam in die Wirklichkeit zurück

KLEINE ZEICHEN, GROSSER EINDRUCK

Wir haben bei den Erkennungsmerkmalen in unserer Auflistung Extreme gezeichnet, um Ihnen ein deutliches Bild zu vermitteln. Denn an solchen (über)deutlichen Beispielen kann man die Persönlichkeiten am besten erkennen. Doch so klar ist es bei Weitem nicht immer. Mit der Zeit werden Sie merken, dass es beim Beobachten und Wahrnehmen darum geht, die ganz, ganz kleinen Zeichen zu erkennen: „Kann mein Pferd denn jetzt wirklich blinzeln?", „Bewegt sich ein Ohr?", „Ist die Nüster hochgezogen oder entspannt sie sich?", „Was macht der Schweif?" Sie sollten nicht nur darauf achten, was Ihr Pferd tut, sondern mit zunehmender Routine auch immer mehr darauf, wie es das tut. Bewegt das Pferd z. B. die Ohren nach hinten, um dort etwas zu hören, oder horcht es eher nach innen, ist der Ausdruck der Augen offen und hart oder ist er offen und weich? Das Tolle daran ist: Alles bekommt auf einmal eine Bedeutung, alles hat eine Aussage, alles hat einen Sinn. Und in ein- und derselben Bewegung kann man plötzlich unterschiedliche Intentionen oder Emotionen erkennen. Kurz gesagt: Extreme schulen das Auge, aber im Endeffekt sind es die ganz kleinen Minizeichen, für die wir Sie sensibilisieren möchten.

Sie kennen ja schon Heike Fischer, ihren Waldkindergarten und den Jugendreiterhof. Die Ausflüge mit den Kindern haben auf die Ponys eine sehr beruhigende Wirkung. Anstatt weiter zu fressen oder zu spielen, kamen die Pferde, die mit den Kindergartenkindern unterwegs waren, immer öfter freiwillig zum Tor gelaufen, um mitgenommen zu werden. Das blieb nicht lange unbemerkt, und so hatte es sich schnell eingebürgert, dass gerade diejenigen Pferde mit dem Kindergarten mitkommen sollten, die keine große Lust mehr hatten mit den älteren Kindern „gearbeitet“ zu werden. Wir müssen dazu sagen, dass auf diesem Hof, damals wie heute, eine sehr pferdefreundliche Gesinnung herrschte. Alles war darauf abgestimmt, den Pferden trotz Reitunterricht ein möglichst pferdegerechtes Leben zu ermöglichen. Dieses Konzept wurde und wird konsequent umgesetzt und der Erfolg ist überall zu spüren. Nur gab es eben hier und da ein Pferd, dem das noch nicht ganz genügte. Es kam vor, dass so ein Pferd dann mal schubste, zwickte oder ein Hinterbein hob, als Zeichen, dass es sich etwa durch wechselnde Kinder oder eine weitere Reitstunde gestresst fühlte. Und diese Pferde kamen dann eben mit auf die Ausflüge und waren nach kurzer Zeit ebenfalls als Erste mit am Koppeltor, um aus dem Auslauf abgeholt zu werden. Der Enthusiasmus der Kindergartenponys lag ganz klar zum großen Teil daran, dass nichts Anstrengendes von Ihnen gefordert wurde und es sehr ausgiebige Graspausen gab. Doch er hatte auch noch einen anderen Grund. Eine Mitarbeiterin des Jugendreiterhofes brachte es ungewollt auf den Punkt. Sie wollte eigentlich deutlich machen, dass Heike Fischers Ansatz nicht eins zu eins im laufenden Betrieb des Reiterhofs umgesetzt werden kann. Denn die Reitschüler wollten und sollten ja schließlich auch reiten lernen, und Heikes Kinder wären „ja schon zufrieden, wenn sie bemerken, dass ein Pferd gerade mit dem Ohr gewackelt hat“. Damit hatte sie aber genau den zweiten, entscheidenden Grund für die Anhänglichkeit der Ponys ausgesprochen. Die Kleinen hatten sich angewöhnt, die Pferde wahrzunehmen und das, was sie zu sagen haben, auch für wichtig zu erachten – selbst wenn es nur ein kleines wackelndes Ponyohr ist. Das Ergebnis zeigte eindrucksvoll, wie wichtig diese Kleinigkeiten den Pferden sind.

EIN GEFÜHL FÜR DAS PFERD BEKOMMEN

Um in vermeintlichen Kleinigkeiten eine große Bedeutung zu erkennen, müssen Sie ein Gefühl für die Körpersprache der Pferde entwickeln. Einzelne Komponenten (Stichwort angelegte Ohren) sind ja, wie gesagt, nicht immer aussagekräftig oder lassen selten für sich alleine Rückschlüsse auf den Gemütszustand der Pferde zu. Vor allem brauchen Sie also ein Gespür für den Gesamteindruck des Pferdes, der allerdings mehr ist, als die bloße Summe der Körpersignale. Die Kunst besteht darin, die kleinen Zeichen in den großen Gesamtkontext einzuordnen. Genau in dieser Schnittmenge finden Sie den Weg zum Wesen des Pferdes.

Pferde und Menschen müssen ein Gefühl füreinander bekommen.

01

02

03

01 *Hier sieht man sehr schön, wie Micky sich zunächst offen nach vorne orientiert, …*

02 *… dann nach hinten denkt, aber noch anwesend ist, …*

03 *… und auf dem dritten Foto in sich verschwindet. Das ist gut an den Augen zu erkennen.*

WANN ÄNDERT SICH WAS?

Um ein gutes Gespür für das Lesen der Pferde zu bekommen, müssen Sie dynamisch denken. Sie wissen schon, dass es darauf ankommt, sich auf den Jetzt-Zustand einzulassen. Doch „jetzt" ist jetzt schon wieder vorbei! Und vielleicht sieht das Pferd dann schon wieder anders aus. An den Veränderungen von einem Moment auf den nächsten erkennen Sie am deutlichsten die Unterschiede zwischen den Zuständen. Wie sieht es aus, wenn das Pferd sicherer wird, wie, wenn es angespannter wird, wenn es aus sich herauskommt und wenn es in sich verschwindet? Und bevor wir Ihnen überhaupt verraten haben, wie Sie am besten mit den verschiedenen Persönlichkeitstypen umgehen, können Sie auf diesem Wege schon herausfinden, welchen Einfluss Ihr eigenes Verhalten auf das Ihres Pferdes hat. Diese Veränderungen passieren freilich nicht immer im Sekundentakt, aber sie passieren auf jeden Fall, also halten Sie Augen und Ohren offen.

INNERE UND ÄUSSERE FAKTOREN, DIE DIE PERSÖNLICHKEIT BEEINFLUSSEN

Es gibt eine Reihe von Faktoren, die einzeln oder in Kombination den mentalen und emotionalen Zustand von Pferden mitgestalten können. Einige der wichtigsten möchten wir gerne etwas genauer ausführen, auch um Ihnen zu zeigen, wann, wie und wieso sich das Verhalten und damit auch die Persönlichkeit ändern kann.

Der Reiter: Sind wir selbst angespannt, verspannt oder sitzen schief auf dem Pferd, wird es immer darauf reagieren müssen. Ebenso ist es, wenn wir unkonzentriert sind, schlechte Laune haben, uns unklar ausdrücken oder uns nicht sicher fühlen. Auch unpassendes oder ungeeignetes

Equipment kann schon kurzfristig Auswirkungen auf Körper und Psyche des Pferdes haben. Diese Störungen verschwinden von selbst wieder oder können z. B. durch eine bessere Sattelanpassung u. ä. relativ leicht behoben werden. Langfristig können aber auch die Charaktereigenschaften des Halters die des Pferdes formen. Entweder durch Angleichung (wie der Herr ...) oder indem Pferde Abwehr- und Vermeidungsstrategien entwickeln, die sie nur bei bestimmten Menschen zeigen.

Bei entsprechender Witterung kann auch ein introvertiertes Pferd sehr aus sich herauskommen.

Witterungseinflüsse: Jeder hat sicher die Erfahrung gemacht, dass Pferde bei Wind und Regen unsicherer und extrovertierter werden als bei ruhigem Wetter, oder dass sie bei 35 Grad etwas introvertierter sind, wenn sie in der Hitze dösen. Aber genauso können sie bei Kälte sehr verspannt sein oder widrigem Wetter durch angespanntes Ausharren trotzen. Dies führt dann kurzzeitig zu sehr introvertierten Charaktereigenschaften.

Alter, Rasse, Geschlecht, Rolle in der Herde: Wie bei uns Menschen auch, kann oft die Aktivität und der Tatendrang nach der Kindheit und Pubertät abnehmen. In unserer Terminologie könnte man sagen, die introvertierten Teile der Persönlichkeit kommen vermehrt zum Vorschein. Doch auch das Gegenteil ist möglich, und Pferde blühen nach einem Entwicklungsschub auf.
Und natürlich gibt es rassebedingt enorme charakterliche Unterschiede zwischen den Pferden, dazu muss man nicht erst einen Araber mit einem Kaltblut vergleichen.
Ranghohe Pferde können entweder sicherer sein (sie sind dann ranghoch geworden, weil die anderen Herdenmitglieder das zu schätzen wissen), oder sie können unsicherer und nervöser sein, weil sie sich für das Wohlergehen der ganzen Herde verantwortlich fühlen. Und auch

Schon die kurzzeitige Trennung von den Freunden kann großen Stress auslösen.

das kann sich ändern, je nachdem, wie die Beziehungen und Freundschaften innerhalb der Herde oder zwischen Pferd und Mensch aussehen. Rangniedrige Pferde, die mit ranghohen befreundet sind, können trotz ihrer Position sicher sein. Pferde, die in der Herde ranghoch und sicher sind, können dem Menschen gegenüber dagegen sehr unsicher und ängstlich sein und umgekehrt. Fühlen sich Pferde gegenüber einem für untauglich befundenen Menschen in der Führungsverantwortung, können Sie unter Umständen ganz anders reagieren, als in der Herde oder bei andern Menschen.
Stuten, Hengste und Wallache haben jeweils bestimmte Charaktereigenschaften – die sich allerdings auch oft als bloße Vorurteile herausstellen. Und doch ergibt es Sinn: Leitstuten haben ganz andere Aufgaben als Leithengste. Leitwallache gibt es in der Natur nicht, sie müssen ihre ganz eigene Aufgabe definieren.

Umzug, Trennung, etc.: Und wo wir schon bei den Beziehungen sind: Neuankömmlinge können bei einer ganzen Gruppe die Herdenstruktur und die einzelnen Persönlichkeiten durcheinanderwürfeln. Auch Trennungen haben besonders große Auswirkungen auf die Pferdepersönlichkeit. Dazu reicht schon eine kurze Zeit ohne den Partner oder die Herde, wie etwa ein Ausritt, aus.

Ein neues Pferd in einer bestehenden Gruppe kann die Karten in der ganzen …

Trennungen tun nicht nur uns, sondern auch den Pferden weh. In der Regel muss der Zurückgelassene mehr leiden als derjenige, der weg geht. Manche Pferde geraten durch die Trennung regelrecht in emotionale Ausnahmezustände. Wenn Sie dann einfach mit Ihrem Pferd Ihr gewohntes Programm abarbeiten möchten, oder es so behandeln wie immer, werden Sie nicht weit kommen oder sich und das Pferd in Gefahr bringen. Bedenken Sie, dass Pferde nie wissen, ob der Freund nur fünf Minuten, ein Wochenende, den Sommer über oder gar für immer verschwindet; man kann es ihnen ja leider nicht erklären.

Ein Stallwechsel stellt für das Pferd ebenfalls eine psychische Belastung dar. Sogar dann, wenn es nicht alleine, sondern mit einem lebenslangen Sozialpartner zusammen umzieht. Wir finden den neuen Stall vielleicht toll. Das Pferd wird aber in jedem Fall Zeit brauchen, um sich an die neue Umgebung und die dortigen Gegebenheiten sowie an die anderen Pferde zu gewöhnen und seinen Platz zu finden. In der Zwischenzeit ist es womöglich nicht mehr das Pferd, das es am alten Stall war. Manche Eigenschaften verändern sich evtl. auch dauerhaft.
Ein gutes Beispiel für den Einfluss gleich mehrerer Kriterien (nämlich des Geschlechts, der Hormone, der Rolle in der Herde und eines Stallwechsels) ist Peer in Erinnerung. Max und Moritz waren zwei Shettys

... Herde neu mischen. Das kann auch die Rollenverteilung und das Verhaltensmuster der einzelnen Pferde verändern.

Fühlen sich auch Ihre Pferde in ihrer alltäglichen Umgebung wohl?

und hatten als Vater und Sohn bereits den größten Teil ihres Lebens zusammen verbracht. Sie sollten in einen anderen Stall umziehen. Beide waren Hengste, wobei davon bei Max, dem älteren, rein gar nichts zu merken war. Moritz dagegen tat nichts lieber, als der gesamten (Pferde-) Welt mitzuteilen, dass er der größte und stärkste Hengst weit und breit ist. So war es jedenfalls vor dem Umzug. Nach der Eingewöhnungsphase im neuen Stall verguckte sich Max in die hübsche Stute vom Nachbar-Paddock und im Handumdrehen fand er sich im zweiten Frühling wieder. Er wurde jetzt doch noch zum richtigen Hengst. Das hatte jedoch schlechte Auswirkungen auf Moritz, der jetzt untergebuttert wurde und sich in seiner neuen untergeordneten Rolle nicht mehr wirklich zurecht fand. Er verkroch sich jetzt immer öfter verunsichert in sich selbst.
Das ist allerdings ein herausstechendes Beispiel. In der Regel können Sie Ihrem Pferd nach einem Stallwechsel gut helfen, indem Sie gemeinsam den ungewohnten Ort erkunden. Zeigen Sie ihm seine neue Welt und lernen Sie es nebenbei wieder ganz neu kennen.

Ungünstige Lebensumstände: Schlimme Haltungsbedingungen oder langfristig schlechte Erfahrungen mit anderen Pferden, Menschen oder Dingen, ganz gleich ob beim Training oder im Alltag, verschleiern oder überlagern oftmals die wahre Persönlichkeit des Pferdes, oder zumindest Teile davon.

Ein dunkler, vergitterter Stall ohne Sozialkontakte, minderwertige Einstreu, zu viel, zu wenig oder schlechtes Futter, reine Boxenhaltung oder auch unpassende, zu große Paddockgruppen, Menschen, die unfair und aggressiv mit Pferden umgehen, all das macht den Pferden das Leben schwer bis unerträglich. Das zieht unweigerlich negative psychische und körperliche Veränderungen nach sich. Pferde werden in sich gekehrt oder nervös, sie können aufgeben oder massiv aggressiv werden. Je nach Veranlagung, tendiert dieses Pferd eher in die eine, jenes in die andere Richtung, doch von natürlichen Persönlichkeitsmerkmalen kann man in solchen Fällen freilich nicht mehr sprechen. Schnell entwickeln sich auch Verhaltensauffälligkeiten bis hin zu stereotypen Verhaltensweisen.

Obwohl sie auch dort immer ihr Bestes geben, sind unsere Pferde auf Messen anders drauf als zu Hause.

Haben Sie immer ein Auge darauf, wie Ihr Pferd mit den Haltungsbedingungen zurecht kommt. Allzu schnell vergessen wir, dass unsere Pferde ihr Leben an diesem Ort verbringen, während wir in unser Auto steigen und uns auf den Weg in unser gemütliches Zuhause machen. Suchen Sie einen Stall für Ihr Pferd, an dem es so artgerecht oder, wie wir jetzt lieber sagen sollten, so Pferde-Persönlichkeiten-gerecht wie nur möglich leben kann. Es müssen nicht unbedingt schlimme Verhältnisse herrschen, es reicht schon, dass ein Pferd mit dem sozialen Druck eines 24 h Offenstalls Stress hat, obwohl es ja eigentlich eine relativ natürliche Haltungsform ist.

Zu der Kategorie der Lebensumstände könnte man, neben den alltäglichen Herausforderungen, auch noch außerordentliche Ereignisse wie etwa Turniere, Messen und Kursbesuche zählen.

Viele Reiter bilden sich mit ihren Pferden auf Kursen weiter. Sie haben Freude daran, ihre Fähigkeiten weiter zu entwickeln. Oder sie nehmen an Turnieren, Messen und Vorführungen teil, um ihr Können unter Beweis zu stellen, oder ihre Botschaft in die Welt zu tragen und ihr Wissen mit Anderen zu teilen. Daran ist auch grundsätzlich nichts auszusetzen. Doch selten teilen die Pferde diese Freude. Und selbst das wäre aus gewissen Gründen noch zu vertreten. Unsere Pferde sind zum Beispiel durch die Auftritte und das Drumherum auf den Messen generell stressresistenter geworden, auch wenn es oft eine anstrengendere Zeit ist als zu Hause. Zum Problem für die Psyche und damit auch für die Persönlichkeit des Pferdes wird es aber spätestens dann, wenn man dem Pferd nicht genug Achtsamkeit und Zeit schenkt, wenn man ihm nicht zugesteht, dass in außergewöhnlichen Situationen auch außergewöhnliche Seiten seiner Persönlichkeit zum Vorschein kommen dürfen und wenn man verlangt, dass sie trotzdem funktionieren, statt ihnen zu helfen.

Körperliche Einflüsse, Schmerzen: Verhält sich Ihr Pferd nicht so, wie Sie es gewohnt sind, sollten Sie unbedingt immer frühzeitig körperliche Ursachen in Betracht ziehen. Schmerzen, verursacht durch Verletzungen, können, ebenso wie Krankheiten, das Wesen Ihres Pferdes verändern und aus einem sonst ruhigen und sanftmütigen Wesen einen unsicheren und angespannten Charakter machen, oder eine lebenslustige Frohnatur dazu bringen, sich einzuigeln. Auch können Müdigkeit, Abgeschlagenheit oder Aufgedrehtheit tiefere körperchemische Ursachen haben. Sind Sie sich in solchen Fällen unsicher, woher diese Verwandlung kommt, ziehen Sie den Tierarzt, Heilpraktiker, Osteopathen, Physiotherapeuten, Hufschmied/-pfleger Ihres Vertrauens zu Rate. Kann keine Ursache festgestellt werden, verwerfen Sie körperliche Probleme als Ursache von Verhaltensänderungen dennoch nicht gänzlich. Die Quelle der Schmerzen muss nicht immer klar zu identifizieren sein. So leiden auch viele Menschen an Kopf- oder Rückenschmerzen, ohne eine behandelbare Ursache dafür zu finden. Übrigens werden Sie durch Ihre immer genauere Beobachtungsgabe bald viel früher erkennen können, dass oder wie sich Ihr Pferd verändert und somit Krankheiten schneller bemerken und früher behandeln können.

Hormone (siehe auch Geschlecht) haben ebenfalls auf der körperlichen Ebene einen enormen Einfluss auf den Gemütszustand. Sie können Aggressionen, Angstgefühle, Fluchtverhalten aber auch Freude, Übermut usw. hervorrufen, und das mitunter unabhängig von äußeren Umständen. Ihren größten Einfluss entfalten sie beim Fortpflanzungsverhalten. Rossige, tragende oder säugende Stuten verhalten sich anders als normal, genauso wie auch Hengste oft eine besondere Art Pferd sind. Natürlich können wir im täglichen Umgang den Hormonhaushalt nicht direkt beeinflussen, allerdings schadet es nicht, diesen Bereich in Betracht zu ziehen, wenn Sie sich mal wieder fragen: „Wieso macht sie/er denn das jetzt schon wieder?"

Auch Pferde dürfen mal schlecht drauf sein: Zu guter Letzt sei noch darauf hingewiesen, dass Pferde manchmal auch einfach nur einen guten oder schlechten Tag haben. Sind Sie schon einmal mit dem falschen Fuß aufgestanden? Egal, was an diesem Tag auch passiert, Sie können dem nichts Positives abgewinnen und sich nicht wirklich darüber freuen. Ihre Stimmung ist auf dem Tiefpunkt, und es ist sehr schwierig Sie da wieder heraus zu holen. Genauso gut kann es passieren, dass Sie sich ohne speziellen Grund ganz wunderbar fühlen und allen Herausforderungen locker und gelassen begegnen können. Wenn Sie Ihrem Pferd ein guter Partner sind, werden Sie auch seinen Stimmungen individuell und unvoreingenommen begegnen können und ihm so die schlechten Tage nicht noch schlechter machen. Interpretieren Sie also bitte nicht in alles eine tiefsinnige Bedeutung hinein. Nicht jede Veränderung hat weitreichende Konsequenzen, und so gut wie keine ist dauerhaft.

Micky schaut traurig – auch Pferde dürfen schlechte Tage haben.

ÜBUNGEN FÜR DAS BEOBACHTEN

Wir haben diesmal zwar kein Übungsbuch geschrieben, aber nur mit Theorie kommt man schlecht voran. Also möchten wir Ihnen doch noch ein paar Trainingstipps und Beispielübungen vorschlagen, mit denen Sie Ihre Beobachtungsgabe besser in die Praxis umsetzen können.

PFERDE BEOBACHTEN

Ist das nicht logisch? Um das Beobachten der Pferde zu üben, sollte man sie selbstverständlich beobachten! Doch so klar es jetzt scheint – Sie haben sich schließlich gerade seitenlang damit auseinandergesetzt – so schnell verfällt man auch wieder in alte Muster. Unsere alten Bekannten, das Wollen, Fordern und Bewerten pochen rücksichtslos und vehement auf ihr Gewohnheitsrecht. Und das werden sie auch weiterhin tun. Um wenigstens ein Gleichgewicht der Kräfte herzustellen,

Jeder sieht es etwas anders und jeder sieht etwas anderes. Durch den Austausch entsteht ein vollständigeres Bild.

Der Beobachter

Der innere Beobachter des Pferdes,
die Schamanen würden es sein stilles Wissen nennen,
ich nenne es jetzt mal seine Intuition,
welche seinen Handlungen einen abstrakten Sinn geben.

Diese nur schwer zu erklärende Sinnhaftigkeit seines Wesens
macht die Magie seiner Anziehungskraft auf viele Menschen aus.

Will man als Ausbilder die Ausstrahlung des anvertrauten Pferdes
nicht nur erhalten, sondern weiter fördern,
sollte man lernen auf diesen inneren Beobachter zu hören.

Hören wir auf ihn, so beobachtet er auch uns,
spiegelt uns
und lässt uns durch die Klarheit seiner Spiegelung erkennen,
ob wir auf dem richtigen Weg sind.

Ernst-Peter Frey

möchten wir Ihnen ans Herz legen, sich wirklich ganz bewusst Zeit für das Beobachten zu nehmen. Machen Sie eine Angewohnheit daraus, achtsam das zu sehen, was gerade passiert. Das schult Ihr Auge und vor allem auch Ihr Gefühl für Ihr Pferd. Nutzen Sie unsere Listen und beziehen Sie ruhig Freunde und Familie mit ein, indem Sie gemeinsam diskutieren, welche Merkmale auf welche Persönlichkeit hinweisen könnten. Für welchen Typ Pferd sprechen die Ohren, die Augen, die Nüstern, das Maul? Auf welche Kategorie weisen die Bewegungen oder die Aufmerksamkeit hin? Bei unseren Kursen hat sich dieser Austausch schon hundertfach bewährt. Es entsteht eine fruchtbare Dynamik, wenn unter den Teilnehmern über den Ausdruck dieses oder jenes Pferdes diskutiert wird.
Sie müssen mit Ihrer Einschätzung der Pferdepersönlichkeit keineswegs immer richtig liegen, ganz besonders nicht am Anfang. Vielmehr möchten wir, dass Sie sich mit den neuen Begriffen anfreunden und sie auch automatisch benutzen, anstatt in alte Be- und Verurteilungsmuster zu verfallen.

Wenn Sie auf sich selbst aufpassen können, kratzen Sie auch ruhig mal ein bisschen am Lack, das bringt neue Erkenntnisse und macht die Pferde stressresistenter. Bei manchen Pferden ist das allerdings nicht angebracht. Falls Sie jetzt noch nicht sicher sind, welche wir meinen – finden Sie es heraus!

AUSPROBIEREN / ETWAS ÄNDERN

Wenn die Situation entspannt ist und Pferde ausgeglichen sind, kommt es besonders bei den introvertierten Pferden oft vor, dass man nicht immer klar entscheiden kann, mit welchem Pferd man es zu tun hat. Wie entspannt es ist, wie gut es mitdenken kann und wie sicher es wirklich gerade ist, merkt man oft erst dann, wenn es zu spät ist. Damit man nicht allein aufs Warten und aufs Raten angewiesen ist, empfiehlt es sich manchmal, mehr zu tun, als nur zu beobachten. Ergreifen Sie die Initiative. Geben Sie dem Pferd zunächst vielleicht eine Aufgabe, die es ganz gut beherrscht. Ändert sich nichts, erhöhen Sie den Schwierigkeitsgrad und fragen Sie das Pferd nach einem noch ungewohnten Manöver, an dem Sie vielleicht erst ein paar mal gearbeitet haben. Oder probieren Sie ggf. eine völlig neue Übung aus. Geben Sie ihm also etwas zu tun, aber legen Sie Ihr Augenmerk dabei nicht auf die Qualität des Ergebnisses, sondern bleiben Sie bei den Fragen: „Was sehe ich?" bzw. „Wann ändert sich etwas?" Machen Sie ein paar Wiederholungen oder Variationen. Wie bei uns Menschen, liegt die Wahrheit nämlich meist unter mehr als nur einer Frage verborgen.

Mitunter reicht es auch, nur die Rahmenbedingungen zu variieren: Macht es einen Unterschied, ob das Pferd frei in der Halle läuft, oder ob es am Seil gehalten wird, oder reagiert es anders, wenn eine andere Person es bewegt oder reitet?

Eine weitere Möglichkeit, das Pferd aus der Reserve zu locken, besteht darin, es unerwarteten Reizen auszusetzen, auf die es einfach irgendwie reagieren muss. Rollen Sie einen Gymnastikball über den Platz, kramen Sie eine Plastikplane hinter der Bande hervor oder nehmen Sie einen Akku-Schrauber oder einen Regenschirm mit in die Halle.
Doch hier ist Vorsicht geboten, denn wie Sie schon wissen, kann jeder Pferdetyp früher oder später mit heftigen Ausbrüchen reagieren. Also tasten Sie sich an die jeweilige Reizschwelle heran. Spätestens wenn die Reize größer werden und Ihr Pferd nicht reagiert, werden Sie schon viel besser erkennen können, ob es immer weiter in sich verschwindet, oder ob es ihm einfach nichts ausmacht, weil es sich sicher und entspannt fühlt.
Schließlich suchen Sie nicht nach extremen Ausprägungen, sondern nur nach Anhaltspunkten. Wenn Ihr Pferd schon bei der ersten kleinen Aufgabe den Kopf etwas hoch nimmt und mit steifen Beinen läuft, wissen Sie ja schon, was Sie wissen wollten.
Je mehr Sie ausprobieren, umso besser werden Sie darin, sich Wege auszudenken, um noch mehr und noch genauere Informationen zu sammeln. Und bei Ihren nächsten Schritten, also wenn es darum geht, den Pferden zu helfen und sie zu motivieren, wird dieses Wissen und auch der Mut zum Probieren noch sehr nützlich sein. Auch in den entsprechenden Kapiteln werden wir das als essenzielle Horseman-Qualität wieder aufgreifen.

DIE PRIVATZONE

Was Sie zum Beobachten gut brauchen können, ist ein bisschen Distanz zwischen Ihnen und dem Pferd. Mit einem gewissen Abstand – im wörtlichen und im übertragenen Sinne – lässt es sich leichter und unvoreingenommener beobachten. Man bekommt nicht nur eine umfassendere Perspektive auf das Pferd, sondern man hat auch die Gesamtsituation mit im Blick. Hierfür empfehlen wir als grundlegende Übung immer die sogenannte Privatzone. Dieses Konzept und die dazugehörige Übung und Technik haben wir ausführlich in unserem „Übungsbuch Natural Horsemanship" beschrieben. Im Wesentlichen geht es darum, dass Sie sich souverän Platz verschaffen können, ohne aber dabei das Pferd einzuschüchtern oder sein Vertrauen zu verlieren. Im Gegenteil, Sie werden langfristig vom Pferd als fähiger, klarer und vertrauenswürdiger Partner wahrgenommen und fühlen sich selbst sicherer und handlungsfähiger.
In seltenen Fällen, speziell bei Pferden, die sehr unsicher und introvertiert sind, ergibt es allerdings mehr Sinn, dem Pferd Raum zu geben, statt ihn zu beanspruchen, da sonst der Druck, in Kombination mit der Unfähigkeit sich zu bewegen, den Stress für das Pferd noch vergrößern würde.

Sie brauchen eine überzeugende, ruhige Präsenz, wenn Sie durch Ihr Raum einnehmen auch Vertrauen schaffen wollen.

EINFACH NUR ZEIT MIT DEN PFERDEN VERBRINGEN

Als es um das richtige Beobachten ging, haben wir dieses wertvolle Bindemittel zwischen Pferd und Mensch schon zum Thema gemacht, weil es einfach so wichtig ist, wenn man weiterkommen möchte. Doch nur als Erfolgstechnik und als Mittel zum Zweck funktioniert es nicht. Zeit mit den Pferden zu verbringen muss echt sein und von Herzen kommen! Man muss es für die Pferde tun, und man muss es für sich tun, nicht aber für das Ergebnis. Deswegen jetzt mal Hand aufs Herz: Wie viel der Zeit, die Sie sich im Stall aufhalten, verbringen Sie einfach so als schöne Zeit mit Ihrem Pferd, als „Quality Time" wie es so treffend heißt? Ohne vorher schon etwas geplant zu haben oder ohne sich schon mit einer Freundin zu einem gemeinsamen Reitprojekt verabredet zu haben? Sicher ist das nur ein geringer Teil Ihres Pferdetages.
Natürlich ist es gut, einen Plan zu haben und es gibt viele andere triftige Gründe, die es uns schwer machen, einfach nur mit dem Pferd abzuhängen. Selten hat man dafür wirklich genug Zeit, das Pferd braucht und will ja auch beschäftigt werden und sollte auch körperlich und geis-

Mehr als das zusammen Tun ist das einfach mal nur Zeit miteinander verbringen wertvoll für die Pferde.

Auch Henry und seine Freunde verbringen gerne ein bisschen Zeit in der Heuraufe. Wir beide sind an einem Montag nach einer langen Messe auch schon mal dort eingeschlafen.

tig fit gehalten werden. Das ist alles richtig und wichtig, und auch wir sind diesen Verpflichtungen im Alltag mit den Pferden unterworfen. Doch für unser Thema, das Kennenlernen der Pferde, gibt es eben kaum eine bessere Grundlage, als einfach nur mit und bei den Pferden zu sein. Wir hoffen also, wir können Sie ein bisschen dazu motivieren, öfter mal Ihre inneren Antreiber zu überstimmen und sich einfach Zeit für Ihr Pferd zu nehmen, ohne eine spezielle Aufgabe im Kopf zu haben. Wenn wir uns mit Bedacht diese Zeit nehmen, können wir der Hektik und dem Trainingsdruck ein Schnippchen schlagen. Und falls Sie nicht ganz untätig sein wollen, während Sie bei den Pferden sind, dann können Sie zum Beispiel auch den Paddock absammeln oder den Stall aufräumen – oder Sie machen es wie Jenny:

Sie hat unseren Pferden aus Karin Mullers Buch „HippoSophia" vorgelesen, während sie in der Heuraufe bei ihnen lag. Sie haben Stunden dort zusammen verbracht und es sind unglaubliche Dinge passiert. Am Anfang waren alle Pferde ganz nah bei ihr. Sie stupsten sie an und fraßen immer direkt dort, wo sie gerade lag. Es war ständiger körperlicher Kontakt vorhanden. Das ist immer ein sehr berührendes Gefühl, weil dabei eine tiefe innere Verbundenheit greifbar wird. Irgendwann wurden die Pferde müde und verfielen in den Ruhemodus. Unser Micky stützte sich sogar auf ihr ab mit seinem schweren Köpfchen. Irgendwann gingen sie von der Heuraufe weg und stellten sich als symmetrische Gruppe auf den Paddock. Der kleine Fritz war in der Mitte und legte sich hin und die anderen Pferde standen im Kreis um ihn herum und bewachten ihn. Das war ein unglaublich sicheres und gleichzeitig liebevolles Bild. Jenny las inzwischen einfach weiter und nach einiger Zeit erwachten die Pferdchen aus ihrer Pause. Sie kamen nach und nach wieder zum Fressen. An der Raufe ließen sie Jenny nicht ein einziges Mal alleine und suchten bis auf ganz wenige Ausnahmen auch immer wieder die direkte Berührung.

Vielleicht haben unsere Pferde an jenem Nachmittag die Stimmungen dieses wundervollen Buches aufgenommen und auf ihre Art gespiegelt. Ganz sicher aber war es für sie und Jenny eine besonders angenehme Erfahrung, einfach so zusammen zu sein, ohne etwas voneinander zu verlangen.

Natürlich können Sie auch an jedem anderen Ort einfach Zeit mit Ihrem Pferd verbringen. Wichtig ist hierbei vor allem, dass Ihr Pferd die größtmögliche Freiheit hat und ohne jeglichen bestimmenden Einfluss durch Sie ist. Es bieten sich deshalb alle Orte an, an welchen das Pferd nicht angebunden oder festgehalten ist. Eine Decke auf der Wiese oder ein Stuhl in der Box reichen schon aus.

Die gleiche Blickrichtung eröffnet uns eine besondere Art des Zugangs zu den Pferden.

DIE PFERDE SPIEGELN

Das Spiegeln ist eine etwas andere Art des Beobachtens. Haben wir ein paar Zeilen weiter vorne noch geschrieben, dass ein gewisser Abstand nötig ist, um sein Pferd wahrzunehmen, es sozusagen von außen zu betrachten, drehen wir jetzt den Spieß um. Denn die Perspektive des Pferdes einnehmen zu können, bietet uns einen ebenso unschätzbaren Vorteil. Vor allem, weil das Beobachten hierbei weniger ausschließlich mit den Augen stattfindet, sondern auch Ihre anderen Sinnesorgane zum Einsatz kommen und Ihnen so der Zugang zu den Pferden noch intensiver ermöglicht wird. Sie sehen nicht nur, was Ihr Pferd gerade macht, nein, Sie können es nachfühlen. Diese Übung, die wir so bei dem neuseeländischen Horsemanship-Trainer Ian Benson gelernt haben, findet sich ebenfalls ausführlich in unserem „Übungsbuch Natural Horsemanship". Trotz allem möchten wir Sie Ihnen hier nochmals dringend ans Herz legen und kurz vorstellen.
Stellen Sie sich locker neben die Vorderbeine Ihres Pferdes und legen Sie das Führseil doppelt über den Widerrist. Die innere Hand platzieren Sie mit auf den Widerrist, sodass Sie auch zur Not das Seil festhalten können. So sind Sie mit Ihrem Pferd direkt verbunden, ohne es zu stören.
Nun machen Sie möglichst alles nach, was das Pferd macht. Richten Sie Ihr Hauptaugenmerk darauf, ob es das entspannt oder angespannt tut, und ob es sich dabei eher öffnet oder verschlossen ist. Vergessen Sie nicht, dabei weniger statisch zu denken, sondern Veränderungen genau nachzuverfolgen.
Ihre Beine spiegeln die Vorderbeine Ihres Pferdes. Sie verlagern das Gewicht auf das gleiche Bein, Sie stehen mit dem Pferd oder scharren mit ihm. Wenn es losläuft, laufen Sie im Gleichschritt mit. Versuchen Sie, sich mit den Vorderbeinen zu synchronisieren.
Schauen Sie auch in die gleiche Richtung, öffnen oder schließen Sie die Augen genau so weit wie ihr Pferd das tut und blinzeln zusammen mit ihm. Gerade das Blinzeln sagt Ihnen ja viel über den Gemütszustand Ihres Pferdes. Hier können Sie diesen Unterschied am eigenen Leib fühlen.
Atmen Sie mit Ihrem Pferd zusammen, riechen Sie dorthin, wo es etwas wittert. Wie fühlt es sich an, wenn es seine Nase wieder einsetzen kann, um etwas zu untersuchen, wenn es sich wieder öffnet für die Reize der Umgebung?
Folgen Sie mit Ihrem Gehör den Ohrenbewegungen des Pferdes. Nehmen Sie wahr, welche Geräusche hinter Ihnen sind oder was das leise Knacken vor Ihnen aus dem Gebüsch bedeuten könnte. Horcht das Pferd angespannt und aufgeregt nach Gefahren oder ist es aufmerksam und interessiert an den Lauten der Umgebung?
Ihr Mund sollte alle Bewegungen, die das Pferdemaul macht, imitieren: Zucken, Schlecken, Kauen, sich zusammenpressen, etc. Wie lange dauert

Spüren und imitieren Sie die Anspannung Ihres Pferdes, aber übernehmen Sie sie nicht.

es, bis Ihr Pferd überhaupt zum ersten Mal sein Maul richtig bewegen, also kauen oder schlecken kann?

Wenn sich der Kopf Ihres Pferdes zur Seite wendet, machen Sie es ebenso. Finden Sie heraus, wofür sich Ihr Pferd interessiert. Nimmt es den Kopf hoch, dann tun Sie es ihm gleich. Fühlen Sie die Anspannung, die hierdurch in Ihren Körper kommt?

Sind die Muskeln Ihres Pferdes angespannt, dann geben Sie sich Mühe das nachzuahmen. Und danach fühlen Sie die Erleichterung, wenn sich Ihr Pferd wieder entspannt und Sie das auch tun können. Doch vermeiden Sie, echte aufgeregte Anspannung in sich selbst hochkommen zu lassen, denn diese wird das Pferd evtl. seinerseits spiegeln und noch angespannter werden. Empfinden Sie die Anspannung, ohne sie zu Ihrer eigenen zu machen.

Sogar Dinge, die Sie selbstredend nicht spiegeln würden, wie das Äppeln, und solche, die Sie mitmachen können aber nicht müssen, wie das Wälzen, sollten Sie trotzdem wahrnehmen. Wenn Sie entdeckt haben, welchen Wert das Spiegeln hat, werden Sie auch ohne mitzumachen ein Gespür dafür bekommen, ob Ihr Pferd das einfach nur so tut, oder ob etwas anderes dahinter steckt.

Auch so kann spiegeln aussehen: Sich gegenseitig beschnuppern.

Behalten Sie dabei die Sicherheit Ihres Pferdes und Ihre eigene immer im Blick. Ist Ihr Pferd zu aufgeregt, brauchen Sie wieder den Abstand, sollten aber trotzdem aus der Distanz weiter spiegeln, wenn es die Situation erlaubt.

Vermutlich sehnt sich jedes Wesen nach Harmonie und Gleichklang. Das sind die Momente in denen wir uns verstanden und uneingeschränkt vereint fühlen. Das geht den Pferden ganz genauso wie uns Menschen. Und so kann diese einfache Übung zu einem großen gemeinschaftlichen Gefühl werden.

Pferde lieben die Spiegelübung. Ihr Mensch ist bei ihnen, ohne etwas zu wollen und ohne etwas zu fordern. Gleichzeitig nehmen Sie die gleichen Dinge wahr, die dem Pferd wichtig oder unbehaglich sind. Sie stören nicht und strahlen gleichzeitig Ruhe aus.

Bald werden Sie erkennen, dass das Spiegeln in Wirklichkeit gar keine Übung ist, vielmehr sollte es ganz natürlich Teil Ihres Umgangs mit Ihrem Pferd werden. Tun Sie es überall! Wenn Spiegeln zu Ihrer zweiten Natur wird, brauchen Sie sich wenig Sorgen um die Beziehung zu Ihrem Pferd zu machen. Daher wird Ihnen die Spiegelübung auch noch an anderen Stellen des Buches über den Weg laufen.

PFERDEN HELFEN
— *mit Gefühl und Verstand*

JETZT WIRD GEHANDELT

Waren Sie bisher beim Beobachten und Pferdelesen zur Untätigkeit verdammt, arbeiten wir uns ab jetzt wieder zurück ins Handeln, Beeinflussen und Helfen.

Denn was nützt es uns, jedes Pferd zu jeder Zeit richtig einschätzen zu können, wenn wir dieses Wissen nicht in unserem Training, unserer Arbeit, unserer Beziehung, unserem Spielen oder einfach nur dem Zusammensein mit den Pferden anwenden. Jede Persönlichkeit verlangt nach anderen unterstützenden Strategien, um Sicherheit und Mitarbeit immer weiter zu optimieren. Manchmal sind diese sich ähnlich, manchmal aber auch sehr unterschiedlich. Der eine Typ braucht beispielsweise mehr Gleichmaß, der andere weniger Eintönigkeit, der eine viel Zeit und der andere vielleicht ein konkretes Ziel. Welchem Pferd was wichtig ist, und wie Sie gerade Ihrem Pferd helfen können, möchten wir Ihnen in den kommenden Kapiteln gerne näher bringen.

003 In diesem Video sehen Sie, wie Henry seinem Pferd Micky hilft.

Genug beobachtet? Natürlich nicht! Aber trotzdem dürfen Sie ab jetzt wieder aktiv werden.

EXTREME AUSPRÄGUNGEN

Die verschiedenen Pferdepersönlichkeiten haben selbstverständlich alle ihre positiven Seiten. Da wäre zum Beispiel das introvertierte, sichere Verlasspferd, das gehorsame und feinfühlige, nicht ganz sichere, extrovertierte Pferd oder das mitdenkende extrovertierte, das sich gerne präsentiert.
Doch es gibt auch Seiten an den verschiedenen Charakteren, die uns und vor allem auch den Pferden selbst das Leben schwer machen. Meist sind das die extremen Ausprägungen der einzelnen Charaktereigenschaften. Stellen Sie sich ein typisches Fluchttier vor, das nur noch auf seine Ängste hört, seinen Kopf ausgeschaltet hat und für nichts mehr empfänglich ist. Oder an ein äußerst sicheres, eigenständiges, dickköpfiges Pferd, das sehr gut ohne den Menschen auskommen kann und bewusst eigene Wege geht.
Auch introvertierten Pferden, die sich gänzlich in sich verkriechen, geht es genauso wenig gut wie den extrovertierten, die außer sich sind vor Angst oder auch vor Übermut.
Für uns Menschen ist es in solchen Fällen immer besonders schwer, einen Zugang zu diesen Pferden zu finden. Doch gerade bei ihnen haben wir dafür eine besondere Verantwortung.

Extreme Ausprägungen der Persönlichkeiten können alle Beteiligten in große Schwierigkeiten bringen.

PFERDEN ZUR BALANCE VERHELFEN

Wenn wir davon reden, den Pferden zu helfen, dann haben wir nicht selten diese überspitzten Ausprägungen der Persönlichkeiten im Sinn. Wobei wir ihnen helfen müssen, ist aus ihren Extremen herauszufinden, oder wo es möglich ist, sie erst gar nicht hineingeraten zu lassen. Wir möchten sie von der emotionalen Seite auf die mitdenkende Seite holen, von der unsicheren auf die sichere. Oder von der desinteressierten Seite auf die kooperative. Und nicht zuletzt würden wir gerne auch die allzu Verschlossenen sowie die maßlos Offenen wieder zu ihrer Mitte zurückführen. Wie so oft, geht es also um die richtige Balance. Dieses Ausgleichen der Extreme wird zwar nie zu 100 % klappen – das Pendel schlägt immer in die ein oder andere Richtung aus – doch je geringer die Ausschläge sind, umso besser fühlt sich das Pferd.
Früher haben wir dieses Ausbalancieren „Neutralisieren" genannt, weil wir uns damals hauptsächlich auf das Abschwächen der Extreme konzentriert haben. Und neutral ist ja so etwas wie das Gegenteil von extrem. Mit der Zeit hat sich allerdings herausgestellt, dass viel mehr dahinter steckt, zum Beispiel das Thema der Verbindung im nächsten Abschnitt. Daher hat sich dieser Begriff langsam ausgeschlichen. Passend finden wir ihn trotz allem noch, weil die neutrale Energie ein starkes Bild ist für genau den ausgewogenen Zustand, in dem sich die Pferde am wohlsten fühlen.

Echte Verbindung geht von beiden Seiten aus.

DIE VERBINDUNG

Nun sind aber nicht alle Pferde Extrembeispiele. Viele sind eher moderates Mittelmaß oder sogar einigermaßen ausgeglichen was ihre Charakterzüge angeht. Das ist in jedem Fall ein Vorteil, bedeutet allerdings nicht, dass uns die Mitarbeit jener Pferde automatisch gewiss ist. Wir brauchen ihnen zwar nicht zu helfen, mit sich selbst, ihren Emotionen und der Umgebung klarzukommen, doch die „Connection", also die echte Verbindung zu ihnen, müssen wir uns sehr wohl noch erarbeiten. Wobei diese Formulierung fast irreführend ist. Eigentlich ist es unsere Aufgabe, uns so zu verhalten, dass die Pferde eine Verbindung mit uns eingehen möchten.

IST DOCH EIGENTLICH GANZ LOGISCH, ODER?

Ja, das ist doch eigentlich alles völlig klar! Vor allem, weil die Pferde das Gleiche wollen wie wir: Als Fluchttiere hat ihre Sicherheit oberste Priorität und als Herdentiere streben sie nach ausgeglichener Harmonie, also nach Verbindungen, einem Band, das die Herde zusammenhält. Doch warum ist es dann so schwer, für Sicherheit, Ausgeglichenheit und Verbindung zu sorgen? Wozu braucht man ein ganzes Buch und viele Kurse, um das zu vermitteln, und wieso dauert es so lange, es zu lernen?

WARUM IST ES DANN SO SCHWER?

Darauf gibt es viele Antworten. Wenn ein Pferd in der domestizierten Welt rein instinktiv reagiert, bringt es nicht nur sich selbst, sondern auch andere Pferde und natürlich uns Menschen in Gefahr. Also müssen wir handeln. Doch gerade wenn Pferde instinktiv reagieren, tun wir das oft ebenfalls. Und das ist keine gute Grundlage für Kooperation. Viele Verhaltensweisen, die in unserer menschlichen Natur verwurzelt sind, widersprechen nämlich dem Wesen der Pferde. Und das nicht zu knapp. So ist unser Greifreflex, also der Automatismus etwas festzuhalten, um es zu kontrollieren, für ein Pferd das reinste Horrorszenario, um nur das prominenteste Beispiel von vielen zu nennen.
Dummerweise fühlen sich diese reflexartigen Reaktionen für uns sooo richtig an. Weil es ja unsere vorinstallierten genetischen Programme sind, müssen sie sich aus biologischer Sicht richtig anfühlen.
Hinzu kommt, dass viele von uns schon von Kindesbeinen an reiten, und eine Menge Dinge gelernt und vorgelebt bekommen haben, die wir heute, bei genauer Betrachtung, als nicht besonders sinnvoll und förderlich im Umgang mit Pferden einstufen können. Auch diese lange erlernten Lösungsansätze wird man schwer wieder los, zumal sie auch heute noch weiterhin gelehrt und verbreitet werden.
Uns bleibt also nichts anderes übrig, als uns auf den steinigen Weg zu begeben, uns teilweise über Jahre erlernte oder sogar angeborene Verhaltensmuster ganz bewusst ab- bzw. umzugewöhnen. Wir müssen lernen zu vertrauen statt zu kontrollieren, loszulassen statt festzuhalten und beobachten statt zu fordern.

Kurzhalten hilft uns und den Pferden nicht weiter. Das Gleiche gilt leider für vieles, was man „normalerweise" tut.

TECHNIKEN PLUS GEFÜHL

Einer der meist benutzten Sätze, die wir unseren Lesern als Widmung in unsere Bücher schreiben, hat damit zu tun, wie wichtig es ist, ein Gefühl für die Pferde zu entwickeln. Damit haben wir natürlich Recht. Doch die Sache mit dem Gefühl hat auch eine Kehrseite. Fast jeder Pferdebesitzer glaubt, alles richtig zu machen und ein gewisses Gefühl zu haben, wenigstens für sein oder ihr eigenes Pferd. Doch nur, weil man eine Idee hat, die irgendwie schon funktioniert, heißt das nicht, dass das die beste Idee ist. Auch hier kommen in den meisten Fällen nur unsere instinktiven Notfallprogramme zum Einsatz. Und die richten sich eben danach, was wir brauchen und nicht danach, was dem Pferd jetzt am besten helfen könnte. Das bedeutet: Das richtige Gefühl will, ebenso wie sinnvolle Techniken, auch trainiert und gelernt werden.

Übergeht man das einfach und verlässt sich auf sein „Naturtalent“, hat man leider oftmals keine besseren Ideen, als Pferde durch teilweise brachiale Methoden daran zu hindern, Angriffs- oder Fluchtverhalten zu nutzen. Man macht sich Hilfsmittel zu Nutze, die über Kontrolle durch Schmerz die Reaktionen des Pferdes unterdrücken.

Ein guter Pferdemensch hat das richtige Gefühl in seinen Händen.

Eine freundliche und sichere Grundeinstellung öffnet viele Türen auf dem Weg zum Pferdeherz.

Und das sollte unserer Meinung nach nicht die Lösung sein. Pferde sollten nicht darunter leiden müssen, dass wir keine bessere Idee haben, ihnen bei ihren Problemen zu helfen. Es nutzt uns selbst im Übrigen ebenso wenig, denn wenn niemand den Teufelskreis von Instinktverhalten und Sich-wehren-müssen unterbricht, steigert sich dieser nur. Die Pferde werden es nicht tun, also sind wir gefragt mit sinnvolleren Lösungen aufzuwarten.

Üben Sie Ihre Techniken und Ihr Handwerkszeug also sorgfältig und gewissenhaft, damit Sie es später auch gefühlvoll anwenden können. Sonst werden Ihnen unsere Tipps und Anregungen zum Pferdehelfen wenig nützen.

DEN RICHTIGEN ZUGANG FINDEN

Pferden zu helfen bedeutet somit, zu erkennen, welche Art von Pferd wir gerade vor uns haben, die Extreme abzuschwächen, eine Verbindung herzustellen und zu erhalten, den unsicheren Pferden Sicherheit zu geben, die sicheren auf unsere Seite zu holen – kurz, zu jedem Pferd zu jeder Zeit den richtigen Zugang zu finden. Das ist eine Lebensaufgabe, und fordert von uns, die Sinne zu schärfen, achtsam zu bleiben und flexibel zu reagieren.

Unsere Energie und unsere Intention spielen dabei eine entscheidende Rolle. Wollen wir helfen oder doch strafen (und damit über Richtig und Falsch entscheiden)? Freuen wir uns mit dem Pferd oder loben wir

es nur, weil es unsere Forderungen erfüllt? Möchten wir es fördern oder sind wir einfach nur ehrgeizig? Bringen wir vielleicht von zu Hause oder von der Arbeit schon eine unangenehme Energie mit zum Pferd oder verbreiten wir „Good Vibrations"?
Der erste Schritt besteht immer darin, an uns zu arbeiten, um kompetent und souverän genug zu werden, damit ein Pferd sich bei uns sicher und verstanden fühlt. Wem das zu viel Arbeit ist, der wird immer mehr gegen das Pferd arbeiten müssen statt mit ihm.

ENERGIE AUSGLEICHEN

Was wir in etwa damit meinen, können wir Ihnen vielleicht noch einmal anhand unseres Modells der introvertierten und der extrovertierten Energie erklären (S. 46). Sie erinnern sich noch an die Kreise mit den Pfeilen? Die introvertierte Energie, die feststeckt und die extrovertierte, die fließt?
Wie gesagt, haben diese beiden Zustände Vorteile und Nachteile: Wenn die Energie fließt kann man sie zwar nutzen, aber sie kann auch einfach nur verpuffen. Wenn sie festhängt, kann man sie zwar nicht nutzen, aber sie bleibt auch erhalten. Zu wenig Fluss ist also nicht gut, zu viel aber auch nicht.
Die unsicheren, introvertierten Pferde etwa schaffen es irgendwann selbst nicht mehr, aus ihrem undurchdringlichen Schneckenhaus herauszukommen. Wer selbst so veranlagt ist, wird aus eigener Erfahrung sehr gut wissen, dass das kein angenehmer Zustand ist. Wird der Druck von außen weiter erhöht, verhindert das erst recht, dass man sich aus seinem selbstgebauten Verlies wieder ans Tageslicht traut.
Den hochgradig Extrovertierten geht es nicht besser, weder emotional noch körperlich. So fällt es ihnen z. B. schwer sich zu konzentrieren, also ihre Aufmerksamkeit zusammen zuhalten, sie ist überall verstreut. Wie Menschen mit ADHS können sie weder ihren Fokus auf eine Sache bündeln noch irrelevante Einflüsse unbeachtet lassen. Die normalen Filtermechanismen greifen nicht mehr. Werden wir in diesem

01 – 02 Rufen Sie sich noch einmal das Wesen der introvertierten und der extrovertierten Energie ins Gedächtnis.

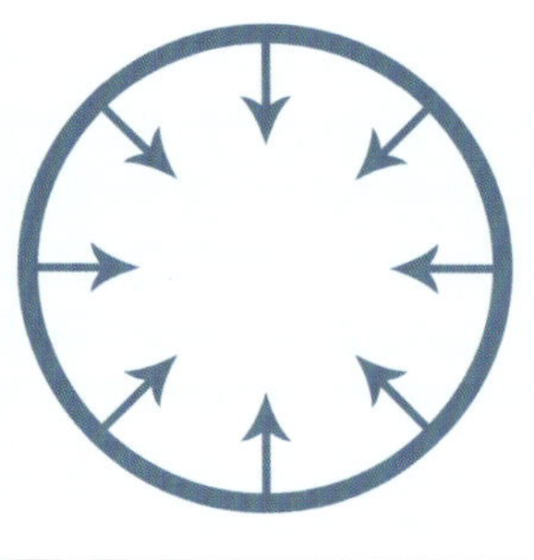

01

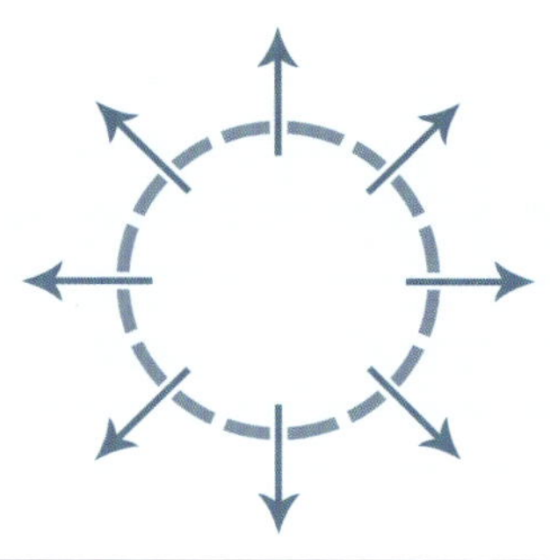

02

03 Ein ausgewogener Austausch zwischen der inneren und der äußeren Welt ist der Idealzustand.

Fall selbst zu hektisch oder sind handlungsunfähig, wird es uns nicht gelingen, die Pferde aus diesem Zustand herauszuholen. Sie fühlen sich dann entweder angestachelt oder alleine gelassen.

Die Art und Weise, wie wir auf die eine oder andere Seite reagieren – und genau das wird ja von jetzt an unser Thema sein – hat also enormen Einfluss auf die jeweilige Pferdepsyche. Das zeigen die beiden Beispiele sehr deutlich. Deswegen ist es unerlässlich, dass wir in jeder Situation abschätzen können, welche Konsequenzen unsere Aktionen und Reaktionen haben. Bringen wir durch unsere Herangehensweise die Extreme zum Vorschein, erhalten oder verstärken wir sie gar? Oder holen wir die Pferde wieder mehr ins Zentrum, hin zu einer eher neutralen, ausgeglichenen Energie? Und fördern wir tendenziell die positiven oder die negativen Seiten der Persönlichkeit?

UND IMMER WIEDER BALANCE

Unser Anspruch in diesem Fall ist es, die einen Pferde offener und die anderen sparsamer zu machen. Wir möchten den introvertierten Pferden vermitteln, dass es ihnen besser geht, wenn sie sich ein bisschen öffnen. Sie müssen dafür das Gefühl haben, dass es völlig in Ordnung ist, äußere Einflüsse, und damit auch uns, an sich heranzulassen. Die Extrovertierten wollen wir gerne davon überzeugen, dass es sich gut anfühlt, wenn sie ihre wertvolle Energie nicht einfach verschleudern, und dass es bessere Wege gibt, sie zu nutzen oder mit scheinbar überwältigenden Situationen umzugehen. Wenn wir unsere Sache gut machen, werden sich die Pferde immer besser darauf einlassen, weil sie fühlen, das dies ein großes Bedürfnis in ihnen befriedigt: die innere Balance (Siehe Abb. 3 auf dieser Seite).

Idealerweise ist es dann von außen betrachtet schwer zu unterscheiden, ob man ein introvertiertes oder ein extrovertiertes Pferd vor sich hat. Denn wenn die Energien im Gleichgewicht sind, ist es schließlich irrelevant, ob sie vom einen oder vom anderen Extrem aus in die Mitte gefunden haben. Wir müssen jedoch zugeben, dass diese echte Ausgewogenheit der Kräfte in der Praxis die Ausnahme ist. Seien Sie stolz auf kleine, aber wichtige Veränderungen und Verbesserungen. Und bleiben Sie am Ball! Eine Balance herzustellen bedeutet oft, ständig in Bewegung zu sein. Stellen Sie sich vor, sie möchten einen Besenstil auf der Handfläche balancieren. Halten Sie Ihre Hand still, wird er ebenso herunterfallen, wie wenn Sie die ausgleichenden Bewegungen zu groß und zum falschen Zeitpunkt in die falsche Richtung machen. Genau dasselbe Prinzip des Neutralisierens und der Balance findet sich natürlich ebenso bei unserer anderen Unterscheidung der sicheren und unsicheren Pferde. Auch diese wollen wir ausgleichen. Dafür haben wir zwar leider nicht so passende Bilder aber einige kurze Vorher/Nachher-Sequenzen finden sie in unserem Video dazu auf S. 44.

ALLES WIRD LEICHTER

Für uns haben die (relativ) ausgewogenen Pferde viele Vorteile. Sie sind einfacher zu motivieren, leichter in Bewegung zu setzen, aber auch leichter wieder anzuhalten. Sie benehmen sich generell ausgeglichener, d. h. man kann ihre Energie besser wieder einfangen, und zwar im Hinblick auf die Bewegungsenergie, wie auch im mentalen und emotionalen Sinne. Ein weiterer Vorteil ist, dass die Pferde für uns vorhersehbarer und verlässlicher werden.

Nur mit einem Pferd, das mitdenkt und lernfähig ist, kann man seine Träume verwirklichen.

DER ZUSTAND DER LERNBEREITSCHAFT

Dass wir uns selbst ungerne als Trainer und lieber als Lehrer bezeichnen, liegt daran, dass wir mehr die Menschen unterrichten und nicht in erster Linie Pferde ausbilden. Doch auch dann, wenn wir es mit Pferden zu tun haben, steht der Aspekt des Lehrens im Vordergrund. Training artet schnell in Drill aus, wo nur noch Kommando und Ausführung eine Rolle spielen. Wir möchten aber gerne den Pferden etwas beibringen und ihnen Rätselaufgaben stellen, bei denen sie etwas lernen sollen. Den dafür erforderlichen Idealzustand, den wir in den vorangegangenen Kapiteln beschrieben haben, könnte man daher auch als einen lernfähigen oder lernbereiten Zustand bezeichnen. Dafür gibt es wie so oft einen englischen Ausdruck, nämlich den „Learning frame of mind“.

Immer wenn Ihr Pferd nicht in diesem „Learning frame of mind“ oder lernbereiten Zustand ist, müssen Sie sich darum kümmern, bevor Sie sich wieder Ihrem eigentlichen Trainingsplan widmen können.

Was braucht mein Pferd?

1. Frage: „Was verhindert gerade den lernfähigen Zustand?" oder anders formuliert: „In welchem emotionalen Zustand befindet sich mein Pferd denn gerade stattdessen?" Mit diesem Thema haben Sie sich schon eingehend beschäftigt, denn die jeweilige Antwort finden Sie im ersten Teil des Buches, also bei den Erkennungsmerkmalen der vier Grundpersönlichkeiten.
Ein weiterer Hinderungsgrund können aber auch äußere Einflüsse sein, die sich negativ auf den Gemütszustand der Pferdes auswirken.

2. Frage: „Was kann ich meinem Pferd geben bzw. was braucht mein Pferd, um in einen lernfähigen Zustand zu kommen?" Dies ist sicherlich jetzt die interessantere Frage, denn hierbei geht es ja ganz konkret darum, was Sie tun können, damit Ihr Pferd wieder denken und lernen kann.

Wir werden Ihnen nun eine möglichst differenzierte Antwort darauf geben, die wir jeweils auf unsere vier verschiedenen Pferdepersönlichkeiten abstimmen.

WAS BRAUCHT EIN UNSICHERES, INTROVERTIERTES PFERD, UM WIEDER LERNEN ZU KÖNNEN?

Durch ihr verschlossenes Gemüt und ihre große Sorge sich zu öffnen, benötigen diese Pferde an erster Stelle viel Zeit, viel Rückzug und wenig Druck. Rückzug bedeutet hier einerseits, dass es einen sicheren Ort gibt, zu dem wir uns zusammen mit dem Pferd als Pause oder Belohnung zurückziehen können. Fühlen sie sich beispielsweise wegen einer Plastikplane auf dem Boden unsicher, dann brauchen diese Pferde sooft es geht einen Rückzug, sobald sie sich auch nur ein bisschen damit auseinandergesetzt haben. Falls das Problem mit einer Gerte oder Ähnlichem besteht, dann muss diese eben den Rückzug antreten, indem wir sie wegnehmen.

Andererseits benötigen die Pferde auch viel Rückzugmöglichkeit von uns, denn wir sind ihnen mit unseren Fragen und Forderungen schon oft zu viel, auch ohne Gerte oder Plane. Sie brauchen Platz und Zeit, um für sich selbst zu sein. Im besten Fall schenken Sie solch einem Pferd so viel davon, bis es von alleine bereit ist, wieder aus sich herauszukommen. Deswegen raten wir Ihnen, einem introvertierten, unsicheren Pferd nach Möglichkeit Raum zu geben, statt ihn sich zu nehmen. Bewegen Sie sich von ihm weg und schauen Sie, welchen Abstand es braucht, um wieder aus sich herauszufinden. Das gilt natürlich nur dann, wenn sie von dem Pferd gerade nicht bedrängt werden.

Vor einigen Jahren stand Jenny mit einigen Kursteilnehmern vor einer schwarzen Warmblutstute. Auf ihre Frage hin, in welchem Gemütszustand das Pferd sei, waren sich alle einig, dass es „tiefenentspannt" sei. Für den Laien machte es tatsächlich den Anschein, als ob es vor sich hin dösen würde. Jenny war jedoch anderer Ansicht und bat die Beobachter sich etwas vom Pferd wegzudrehen und einige Schritte zurück zu weichen. Sie standen ca. 4 Meter entfernt und schauten sich weiter die körpersprachlichen Zeichen des Pferdes an. Nichts an der Stute bewegte sich, also weder Ohren, noch Augen, Maul oder irgendein anderes Körperteil. Jenny erklärte, dass der Abstand wohl nicht ausreichend sei, legte das Seil auf den Boden und bat die Teilnehmer noch ca. 3 Schritte zurückzuweichen und das Pferd nur aus dem Augenwinkel zu beobachten. Und da passierte es: Zuerst bewegten sich die Ohren, dann fing das Pferd an zu blinzeln, nahm einen tiefen Atemzug, schaute nach rechts und links und ging zielstrebig zur Schubkarre mit den Pferdeäppeln. Jenny machte die Stute vom Seil los und zog sich wieder zu den anderen zurück. Die Stute schaute sich die komplette Halle an und war alles andere als schläfrig! Jenny hat sich sehr darüber gefreut, dass das Pferdchen ihr so sehr Recht gegeben hat. Denn natürlich war sie am Anfang nicht „tiefenentspannt", sondern einfach ganz tief nach innen geflüchtet. Allein die Blicke der Menschen auf kurze

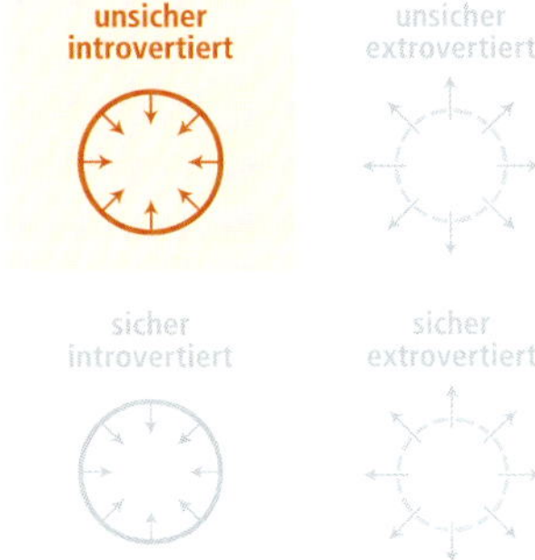

Das ist die Warmblutstute aus der Geschichte auf S. 100. Es war der zweite Kurstag und sie blühte förmlich auf und kam aus sich heraus.

Distanz reichten dafür schon aus. Erst das Gefühl, genügend Zeit und vor allem Raum zu haben, ermöglichte ihr aus sich herauszukommen und sich endlich die Umgebung anzuschauen, was sie sicher schon von Anfang an am liebsten gemacht hätte. Das Schöne war, dass die Besitzerin das direkt verstanden und umgesetzt hat. So wurde die Stute im Verlauf des Kurses immer offener und motivierter. Die Besitzerin schrieb uns einige Zeit später noch eine Nachricht, in der sie erklärte, dass sie unglaublich glücklich darüber sei, ihr Pferd jetzt viel besser zu verstehen und vor allem die Handlungen ihres Pferdes nicht mehr fehlzuinterpretieren.

Sie sind gut beraten, von diesem Charakter nur ganz wenig zu fordern. Falls Sie doch etwas von ihm wollen, was sich natürlich im Alltag nicht vermeiden lässt, setzen Sie hierfür möglichst wenig Energie bzw. Druck ein und geben Sie sich auch mit sehr kleinen Antworten zufrieden. Je mehr Sie wollen und je vehementer Sie es einfordern, umso unsicherer und zurückhaltender werden die angespannten, unsicheren Pferde darauf reagieren.

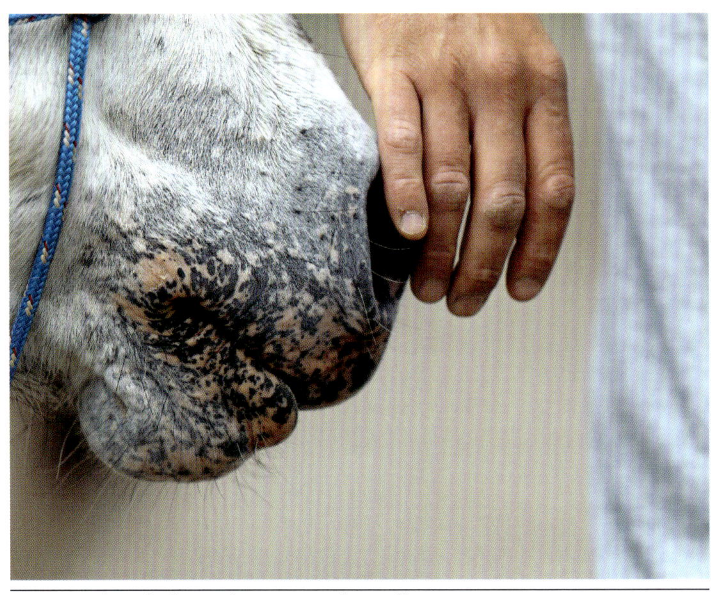

Interesse des Pferdes auch am Menschen sollte man immer unterstützen.

Wenn Sie es schaffen, das Interesse Ihres Pferdes für bestimmte Dinge zu wecken und auch zu fördern (s. Zielspiel S. 131), wird es sich grundsätzlich besser öffnen können. Bestärken Sie diese Bereitschaft auch, wenn es sich von alleine für Dinge interessiert, obwohl Sie gerade etwas anderes vorhatten. Das ermöglicht es Ihnen nämlich, immer häufiger und länger einen Zugang zum Pferd zu bekommen.

Diese Pferde haben ein großes Bedürfnis nach Verlässlichkeit von uns und Vertrauen zu uns. Bringen Sie Routine in Ihre Handlungen. Vorhersehbarkeit bringt Sicherheit! Probieren Sie nicht jeden Tag eine neue Methode aus oder machen Sie nicht auf einmal etwas komplett anders, als Sie es sonst immer getan haben. Zeigen Sie Ihrem Pferd, dass es keinen Grund zur Sorge gibt: Alles ist wie immer und Sie verhalten sich so, wie es das gewohnt ist.

Sie selbst müssen dabei klar und ruhig bleiben. Ihr Pferd muss wissen, dass nicht nur Ihre Methoden verlässlich und vorhersehbar sind, sondern auch die Art und Weise, wie Sie sie anwenden. Behalten Sie Ihre Energie und Ihre Intentionen gut im Auge.

Die Angstschwellen gerade dieses Pferdetyps zu beachten ist unerlässlich. Das gilt zwar, wie fast alles in dieser und den folgenden Auflistungen, für alle Pferde, aber für die unsicheren hat es einen ganz besonderen Stellenwert. Angstschwellen beginnen übrigens nicht erst, wenn das Pferd Panik bekommt, sondern sie sind bereits in dem Moment da, in dem es zum ersten Mal etwas unsicher und angespannt wird. Gehen Sie darüber hinweg, bzw. beachten Sie die Grenze nicht, sind die „Intros" schnell wieder in sich verschwunden, während Sie munter über eine Schwelle nach der anderen hinweg gehen, weil sie so schwer zu erkennen sind.

Damit es nicht zum Äußersten kommt, sollte es Ihre Priorität sein, so früh wie möglich gegenzusteuern. Lernen Sie immer besser die kleinen, versteckten Zeichen zu lesen, die Ihnen sagen, ob Ihr Pferd gerade verschwindet oder wieder auftaucht. Und vermeiden Sie es, den Druck aus Sicht des Pferdes so groß werden zu lassen, dass nur noch die völlige Aufgabe oder die Explosion als Lösung übrig bleibt.

Jenny hat so ein Pferd vor vielen Jahren auf einem Kurs bei der Parelli-Instruktorin Silke Valentin erlebt. Sie hat Silke damals beim Verladen geholfen und dieses eine Pferd hatte sich so extrem in sich zurückgezogen, dass Silke nur noch um schnelle Hilfe bat, da sie sich in ihrem Rollstuhl zu unsicher fühlte.

Jenny hatte so etwas vorher noch nie gesehen. Das Pferd wirkte katatonisch, klapperte richtig mit den Zähnen, war wie eine angespannte Sehne, kurz vor dem Explodieren. Mit viel Ruhe, Rückzug und Zeit konnten Jenny und Silke ihm zum Glück helfen, sich am Hänger wieder zu entspannen und wieder zurück in die Welt zu finden. Nach einiger Zeit schaffte er es dann sicher einzusteigen.

Manchmal muss man auch den Pferden, die ihren Kopf nicht eingeschaltet haben, Aufgaben stellen. Doch Vorsicht: Wenn man zu viel Druck macht, kann es gefährlich werden.

WAS BRAUCHT EIN UNSICHERES, EXTROVERTIERTES PFERD, UM WIEDER LERNEN ZU KÖNNEN?

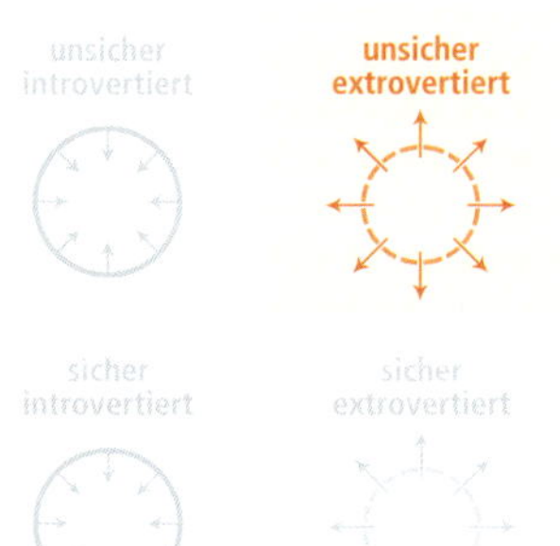

Pferde in diesem Zustand müssen unbedingt ihre Beine bewegen können. Sie sind im Fluchtmodus und ihre Überlebensinstinkte versuchen alles zu bestimmen. Deren Parole lautet fast ausschließlich: „Renn weg!“ Pat Parelli formuliert es so: „Die introvertierten, unsicheren Pferde müssen zuerst ihren Kopf bewegen, bevor sie ihre Beine wieder bewegen können. Die extrovertierten, unsicheren Pferde müssen dagegen erst mal ihre Beine bewegen, bevor sie ihren Kopf wieder bewegen können.“ Den Introvertierten muss man also einfach die Zeit lassen, bis ihr Kopf wieder offen ist und die Extrovertierten brauchen die Möglichkeit, ihre Fluchtenergie los zu werden.

Sie sollten daher nicht versuchen diese Power etwa durch Kurzhalten zu unterbinden oder zu deckeln, wie es die meisten Menschen automatisch tun. Sie wird sehr schnell einen anderen Weg finden und ihnen heftiger als zuvor um die Ohren fliegen.

Natürlich können Sie selbst auch aktiv dafür sorgen, dass die Pferde sich bewegen, doch dabei müssen Sie vorsichtig sein, denn ehe man sich’s versieht, treibt man sie ein bisschen zu dynamisch oder mit der falschen Intention noch weiter in ihr Fluchtmuster hinein. Hier folgen ein paar Dinge, die Sie dabei beachten müssen.

Die Energie darf zwar nicht unterdrückt werden, das Fluchtmuster sollten Sie aber unterbrechen. Das ist nicht ganz einfach – weder zu verstehen noch umzusetzen. Befinden Sie sich gerade auf einem Reitplatz oder einer Halle, dann probieren Sie es mal mit unserer oft bewährten Übung des halben Zirkels, die wir auf S. 124 beschreiben.

Statt die unsichere Energie zu unterbinden …

Anstatt das Pferd nur rennen zu lassen, geht es darum, die sich selbst verstärkende Dynamik der extrovertierten Unsicherheit immer wieder kurz zu stoppen. Und am leichtesten ist das oft, wenn die Bande diese Arbeit für Sie übernimmt. Denn hier muss das Pferd zwangsläufig anhalten, kurz nachdenken und die Richtung wechseln.
Doch es gibt auch andere hilfreiche Strategien. Ist das Pferd noch nicht im Extremzustand, dann nutzen Sie seine Energie für einfache Aufgaben. Auch hier geht es darum, das bloße Wegrennen in geordnetere Bahnen zu lenken. Meist werden solche Pferde erst einmal laufen gelassen, oder ablongiert. Das kann sogar helfen. Aber wenn man versteht, dass der Großteil des Bewegungsdranges eine Folge von Unsicherheit ist, wird schnell klar, wie wenig dieser Ansatz daran ändert. Bauen Sie lieber viele Gangart- und Richtungswechsel ein.
Oder verwenden Sie Hindernisse. Das muss nichts Großes, Schwieriges sein. Ein Cavaletti, eine Stange, oder eine Pylone können schon ausreichen. Der Bewegungsdrang findet dann immer noch ein Ventil, der Kopf des Pferdes findet aber auch ein Ziel. „Du hast diese Energie nun mal, dann tu etwas damit!" lautet die Botschaft an das Pferd. Ihre Beziehung zu Ihrem Pferd profitiert ebenfalls davon, denn Sie beide beschäftigen sich gemeinsam mit den Hindernissen und Aufgaben. Wenn es sich dadurch etwas beruhigt, dann haben Sie in den Augen Ihres Pferdes einen großen Teil dazu beigetragen. Das steigert Ihr Ansehen und stärkt die Bindung.
Menschen haben die Tendenz, alles, was die teilweise heftigen Reaktionen dieses Pferdetyps hervorrufen könnte, zu umgehen. Sicher kennen Sie das auch. Zum Beispiel steht auf dem Weg von der Halle zum Stall auf einmal ein Gegenstand, der da sonst nicht stand. Wenn Sie das vor Ihrem Pferd bemerken, denken Sie sich: „Oh nein, davor erschreckt sich mein Pferd bestimmt, da gehen wir jetzt nicht vorbei! Ich gehe lieber

...finden Sie einen Weg, sie in geordnete Bahnen zu lenken.

01

02

anders herum!" Vielleicht liegt aber auch auf der anderen Seite der Halle etwas, das Ihrem Pferd Angst macht, also machen Sie noch einen größeren Umweg. Bald müssten Sie eine Strecke von 2 km in Kauf nehmen, um von der Halle zum Stall zurück zu kommen. Oder – und das ist ja in der Tat leider die gängige Praxis – Sie beschränken sich nur noch auf die aller nötigsten Wege und lassen Ihr Pferd den Rest der Zeit lieber in der Box stehen. Und das Schlimmste daran ist: Es verstärkt Unsicherheiten und Panikreaktionen noch. Anstatt Dinge zu vermeiden, die Ihrem Pferd Angst machen, sollte es also Ihr Ziel werden Ihr Pferd mutiger zu machen.

Es wird aber nur mutiger und ruhiger, wenn es sich mit gefährlichen Objekten und Situationen auseinandersetzt. Entweder tut es das ohnehin von alleine, oder Sie finden heraus, wie Sie es dazu ermutigen können. Entsprechende Anregungen hierzu finden Sie bei den Übungen (z. B. das Zielspiel S. 131) im praktischen Teil dieses Buches.

In unserer Aufzählung der Erkennungsmerkmale haben wir geschrieben, dass bei den extrovertierten, unsicheren Pferden alles schnell passiert. Das gilt jetzt auch für uns. Wir müssen wie Bruce Lee immer blitzschnell da agieren, wo das Pferd gerade ist. Entscheidend ist es aber auch, dabei ruhig zu bleiben. Kommen diese beiden Qualitäten zusammen, dann sind wir schon bei der nächsten Eigenschaft, die diese Pferde von uns brauchen: Einen starken Fokus und gute Führungsqualitäten. Das erscheint manchmal widersprüchlich. Als Fluchttier gibt es für sie

03

04

doch nichts Wichtigeres als Bewegungsfreiheit, und Führung fühlt sich wie das Gegenteil von Freiheit an. Aber neben der Freiheit suchen sie auch dringend nach Hilfe, nach Sicherheit. Sie brauchen einen Rahmen, eine Grenze im positiven Sinne, um ihre Energie wieder bei sich behalten zu können. Ihre kompetente Führung kann Ihnen einen solchen Rahmen bieten. Das dauert erfahrungsgemäß seine Zeit. Sowohl für Sie, um ein guter Leader zu werden, als auch für das Pferd, um sich dauerhaft darauf einzulassen, aber Sie werden leider nicht drum herumkommen.

Die letztgenannten Punkte hängen sehr eng zusammen. Möchten Sie einem Pferd anbieten, sich Ihnen anzuschließen, sind jedoch völlig überfordert mit den schnellen Reaktionen, disqualifizieren Sie sich schon als sichere Autoritätsperson. Reagieren Sie zwar schnell, aber auch hektisch, ist das Ergebnis das Gleiche. Fehlt Ihnen der Fokus, werden Sie erst gar nicht mitbekommen, wann das Pferd wie reagiert. Somit kommen Sie bei der Suche des Pferdes nach Hilfe ebenfalls nicht in die engere Wahl.

Wir waren eines Tages an einem Stall, an den wir von der Besitzerin einer Stute mit einem schon etwas älteren Fohlen gerufen wurden. Eines der Probleme bestand darin, die beiden zu trennen. Das Fohlen sollte demnächst den Stall wechseln und wir versuchten also den Trennungsschmerz etwas zu lindern. Doch das war nicht so leicht. Peer blieb mit der Mutter im Roundpen, während Jenny mit dem Fohlen kontrolliert den Abstand zur Mama mal vergrößerte, mal wieder verringerte. Das

01 – 04 Einfache Aufgaben mit Hindernissen, schnelle Reaktionen und sich gefürchteten Objekten stellen macht unsichere Pferde mutiger.

Damit es so aussieht, brauchen Pferde positive und starke Führung, um aus ihren Extremzuständen heraus zu kommen.

Fohlen an Jennys Seil hatte zwar nicht ganz so große Sorgen wegen der Trennung, aber doch noch genug, um sich altersgemäß als ordentlicher Wildfang zu gebärden. Bei der Mama potenzierte sich die Unsicherheit mit jedem Meter Abstand zu Ihrem Fohlen derart, dass sie innerhalb kürzester Zeit panisch im Longierzirkel im Kreis rannte. Die Bande war nicht sehr hoch, die Geschwindigkeit jedoch schon und ein Seil hatte Peer auch nicht an der Stute. Seine erste Idee, das Fluchtmuster immer wieder zu unterbrechen, etwa durch Richtungswechsel, schied ob der niedrigen Bande aus. Er hatte den Eindruck, dass das Pferd über die Bande springen würde, sollte er versuchen es auszubremsen. Von alleine machte die Mutterstute aber auch keine Anstalten sich zu beruhigen. Also musste eine andere Lösung her. Peer fing an, in der Mitte des Roundpens in einem kleinen Kreis mit der Mama mitzulaufen. Er hielt sich dabei vor ihr, um ihr ein Angebot zu machen: „Du bist hier nicht alleine, und wenn du Hilfe suchen solltest, kann ich sie dir anbieten." Er bot ihr also an, die Führung und damit auch die Sorge um Sicherheit zu übernehmen. Eine Zeit lang passierte nichts, doch irgendwann verkleinerte die Stute den Kreis. Immer noch auf Höchstgeschwindigkeit, kam sie immerhin ein bisschen näher. Nachdem sie dann einige Runden später langsamer wurde, konnte Peer seinen Kreis etwas vergrößern, um näher bei ihr zu sein und sein Angebot

noch mal zu wiederholen. Dieses Mal ging es schneller, die Geschwindigkeit verringerte sich soweit, dass das Pferd bald nur noch trabte und schließlich Schritt ging. Daraufhin schloss es sich Peer plötzlich an und folgte ab da nur noch ihm, wohin er auch im Longierzirkel ging. Wobei der Schritt der Stute allerdings immer noch so schnell war, dass Peer es kaum schaffte vorne zu bleiben, denn sehr aufgeregt war sie nach wie vor. Doch immerhin hatte er es geschafft, sie von blanker Panik wieder auf ein moderates Anspannungslevel runter zu holen. Geholfen haben dabei ein guter Fokus, das (passive) Führungsangebot, und die Tatsache, dass er trotz schneller Geschwindigkeit ruhig und handlungsfähig bleiben konnte. Jetzt, wo die Stute ruhig war, kam Jenny auch mit dem Fohlen wieder ganz nah zur Mutter. So lernte sie, dass Ruhe und Entspannung besser zum Ziel führen, als Panik und schaffte es auch bei den nächsten Versuchen immer ein bisschen besser, von vorneherein ruhig zu bleiben.
Und schließlich gilt hier genau das Gleiche, wie bei den unsicheren introvertierten Pferden. Achten Sie auf die kleinen Zeichen und Grenzen, und bemühen Sie sich rechtzeitig, aufkommende Unsicherheit und Anspannung aufzufangen. Auch wenn das bei diesen Pferden nicht einfach ist, weil alles schnell passiert, ist es immer noch leichter, als aufgepeitschte Gemüter wieder zu beruhigen. Und mit guter Vorbereitung schaffen Sie es, auch in wilden Situationen noch positiv auf Ihr Pferd einzuwirken.

Wenn man ihnen einfach passiv Führung anbietet, entscheiden sich manche unsicheren Pferde irgendwann von selbst, sie dankbar anzunehmen und sich dem Menschen anzuschließen.

WAS BRAUCHT EIN SICHERES, INTROVERTIERTES PFERD, UM MIT UNS LERNEN ZU KÖNNEN?

Vielleicht wundern Sie sich, warum wir uns diese Frage bei den sicheren Pferden auch stellen. Schließlich können sie ja schon denken und bringen auch sonst die wichtigsten Voraussetzungen zum Lernen mit. Doch es gibt zwei Gründe für diese Entscheidung. Der erste sollte Ihnen mittlerweile bekannt vorkommen: Nur weil ein Pferd sicher ist, ist es nicht automatisch bereit, mit uns zusammen zu arbeiten, oder sogar etwas zu lernen. Es hat das Gefühl uns nicht zu brauchen und entzieht sich gerne oder geht sogar offensiv gegen uns an. Wir sind also unter Umständen in der Pflicht, die Verbindung zu solch einem Pferd zu verbessern oder auch erst einmal für unsere eigene Sicherheit zu sorgen. Und noch dazu müssen wir es schaffen, dass das Pferd sein Gehirn nicht nur für irgendwas, sondern für uns einschaltet. Der zweite Grund ist, dass auch sichere Pferde relativ leicht zu verunsichern sind. Die Grenze zur Unsicherheit ist bei Pferden viel schlechter bewacht als die zur Sicherheit. Daher sind die folgenden Tipps zusätzlich als Prophylaxe zu verstehen. Sie dienen also unter anderem dazu, Pferde nicht wieder unsicher werden zu lassen.

Fühlen sich diese Pferde gegängelt, können sie Ihnen von sich aus einfach nichts mehr anbieten. Ein Angebot bekommen Sie nur, wenn Sie sich zuerst auf das Pferd einlassen, auf seine Ideen, seine Bewegungen und seine Energie.

Um eine Verbindung zu bekommen, sollten Sie diesen Pferdetyp bei jeder Gelegenheit spiegeln. Lassen Sie sich auf das Verhalten des Pferdes ein und machen Sie alles mit, was es von sich aus anbietet. Wichtiger ist jedoch in diesem Fall, dass Sie sich auf die Energie einlassen, genauer noch: auf die Geschwindigkeit oder sollten wir sagen die Langsamkeit. So oft sehen wir Menschen, die ihr Energiesparmodell von Pferd mit wildem Gestikulieren oder lauten Kommandos in die Gänge bringen möchten. Damit erreicht man aber das Gegenteil. Mit viel angespannter Energie machen Sie nur Druck und stehen dem Pferd auch noch im Weg.

Auf einem Kurs zum Thema Freiarbeit beklagte sich eine Teilnehmerin bei Peer darüber, dass ihr (Fjord-) Pferd immer sooo langsam mit ihr mitlaufen würde, und ihr selbst falle es schwer ebenso langsam mitzugehen. Wie könnte sie denn bloß ihr Pferd ein wenig schneller bekommen? Die beiden waren schon sehr fortgeschritten bei der Arbeit ohne Seil und Halfter und die Verbindung war dementsprechend gefestigt. Daran lag es also nicht. Um die Ursache zu finden, ließ Peer das Paar zusammen im Schritt durch die Halle laufen und beobachtete Mensch und Pferd genau. Zu seinem Erstaunen musste er feststellen, dass ihm das Pferd das Gleiche wie seine Besitzerin zu sagen schien: „Ich muss immer sooo langsam laufen, noch langsamer kann ich fast nicht." Als er beide zusammen beim Laufen betrachtete, war der Grund für dieses Missverständnis schnell identifiziert. Die Besitzerin musste sich offensichtlich geradezu zwingen, so langsam wie das Pferd zu gehen, was bei ihr eine große Anspannung und eine festgehaltene Körpersprache nach sich zog. Und das, obwohl sie auf den ersten Blick keinen Druck machte, die Arme und der Stick blieben inaktiv. Das Pferd reagierte trotzdem folgerichtig auf die verhaltene Energie und lief, weil es sich gebremst fühlte, ein bisschen langsamer. Das nahm die Frau zum Anlass sich wiederum ihrerseits der niedrigeren Geschwindigkeit anzupassen und so bremsten sich die beiden immer weiter aus. Peers Aufgabenstellung war an der Misere allerdings nicht ganz unschuldig, denn er hatte der Besitzerin geraten, sich dem Tempo des Pferdes anzupassen, um gerade zu verhindern, dem Pferd zu viel Druck zu machen. Und das hatte sie schließlich auch gewissenhaft gemacht. Nur meinte Peer das eher im Sinne des Spiegelns der Energie. Und diese hätte – auch noch bei der größten Langsamkeit – flüssig und rund und locker bleiben müssen. Das machte er dann auch mit dem Fjordi vor, der nach etwa zehn Metern seine stockenden Bewegungen aufgab und, zwar immer noch langsam, aber wieder lockerer lief. Nach weiteren zehn Metern wurde er dann auch von ganz alleine etwas schneller. Nachdem es die Besitzerin ebenfalls versucht und dabei ihren Fluss wiedergefunden hatte, kam sie nach einer viertel Stunde kaum noch dem schnellen Schritt ihres Pferdes hinterher. Diese Geschichte zeigt übrigens ganz nebenbei auch, dass die Gründe eines vermeintlichen Motivationsproblems schon viel weiter an der Basis liegen und auch an diese adressiert werden sollten.

Je mehr Sie sich über dieses Pferdetemperament hinweg setzen, umso schlechter wird seine Laune.

Diese Persönlichkeit möchte ganz gerne ihre Ruhe haben. Wenn wir etwas von ihr wollen, ist sie schnell genervt. Das Spiegeln und sich auf sie Einlassen hilft dabei, das zu verhindern oder wenigstens zu minimieren. Haben diese Pferde schlechte Laune, werden sie nämlich eher gegen uns arbeiten und versuchen, die in ihren Augen unerwünschte Aufgabe loszuwerden.

Doch spiegeln alleine reicht auf die Dauer nicht aus, und Sie werden nicht umhin kommen, auch einem introvertierten sicheren Pferd ab und zu mal eine Frage zu stellen. Appellieren Sie dabei aber nicht an die Arbeitsmoral der Energiesparer. Zunächst brauchen Sie das positive Interesse. Dazu müssen Sie sich immer wieder etwas einfallen lassen, um sich interessant zu machen. Überlegen Sie sich Dinge, mit denen Ihr Pferd nicht rechnet. Holen Sie es z. B. von der Weide und, anstatt auf den Reitplatz zu gehen, lassen Sie es draußen an einem noch besseren Ort grasen und stellen es danach wieder zurück auf die Wiese. Wenn Sie es vom Paddock holen möchten, beachten Sie es dort zunächst überhaupt nicht, sondern sagen allen anderen Pferden Hallo. Vielleicht wird es dann schon von alleine neugierig. Ideen und Gelegenheiten gibt es reichlich. Haben Sie auf diese Weise eine Verbindung hergestellt, können Sie auch anfangen Ihrem Pferd ein paar Fragen zu stellen.

Das richtige Fragenstellen steht und fällt dabei mit Ihrer Energie. Sie muss langsam bleiben können (spiegeln), dabei aber gleichzeitig spielerisch und spannend sein. Stellen sie sich vor, sie würden nicht mit einem Pferd arbeiten, sondern mit einem Hund spielen („Wo ist das

Bällchen?"). Am Ende müssen Sie dann jedoch nötigenfalls unbedingt effektiv werden, also Ihre Fragen zu Ende stellen. Das Langsame ist wichtig, weil der Informationsfluss bei den Introvertierten etwas länger braucht. Spannend und effektiv sollte es sein, weil die Sicheren schnell das Gefühl haben, dass die Frage ja wohl jetzt nicht wirklich ernst gemeint sein könnte! Freundlich, positiv aber auch bestimmt, lautet die Devise. Dann haben die Pferde auch einen Grund aufzupassen. Als konkrete Übung eignet sich die auf S. 137 beschriebene „Bonjour-Übung" des Meisters der Freiarbeit J. F. Pignon. Sie können diese, wie auch andere Übungen, immer auf die verschiedenen Pferdetemperamente ummünzen. Hier z. B., indem Sie die eben beschriebenen Leitlinien dabei anwenden.

Wenn Sie nett fragen, aber auch auf positive Weise überzeugend sein können, wird Ihr Pferd Sie bald als qualifiziert wahrnehmen. Dennoch neigen ja gerade die entspannten Introvertierten immer mal wieder dazu, es auf die dominante Tour zu versuchen. Dann müssen Sie vielleicht noch ein bisschen effektiver sein. Besonders, wenn es um Ihren Raum, also Ihre Privatzone geht. Ihr Pferd muss Ihnen glauben, dass Sie fähig sind, auf sie beide aufzupassen.

Die Energie der Frage muss überzeugend, aber auch positiv sein: „Oh-oh, wo ist die Hinterhand?"

WAS BRAUCHT EIN SICHERES, EXTROVERTIERTES PFERD, UM MIT UNS LERNEN ZU KÖNNEN?

Auch bei diesen Kandidaten gilt insbesondere, dass spiegeln, sich einlassen und mitmachen, immer eine gute Idee sind. Im Gegensatz zu den introvertierten sicheren Pferden, ist der Grund bei den Extrovertierten aber nicht die Langsamkeit. Vielmehr die Langeweile, die bei ihnen schnell aufkommt, wenn Sie sich nicht etwas Sinnvolles, Spaßiges oder Spannendes für sie einfallen lassen. Für militärischen Drill, Auswendiglernen und Runden ziehen haben die „Extros" keinen Sinn. Der australische Trainer Clinton Anderson hat es einmal so formuliert: „Wenn ihr diesen Pferden nichts Sinnvolles zu tun gebt, dann geben sie Euch bestimmt etwas zu tun."

Sicher müssen und können diese Persönlichkeiten auch mit langweiligen Aufgaben klarkommen, doch darauf sollte man sich selbst und das Pferd vorbereiten. Um mittelfristig etwas mit diesen Pferden zu erreichen, also mit ihnen zu arbeiten, haben wir die schwierige Aufgabe, ihnen auch Disziplin beizubringen, die nicht im Blut liegt. Das muss sowohl mit Ausdauer, Bestimmtheit und gebündeltem Fokus, als auch gleich-

Manchmal müssen sie zwar auch eher fade Aufgaben erledigen, ...

zeitig mit Fingerspitzengefühl passieren. Wenn man es gut macht, sind diese Pferde hervorragend für anstrengende und hohe Lektionen geeignet.

Doch in dieser Auflistung geht es ja noch nicht um Motivation zum Schwierigen, sondern darum, eine gemeinsame Basis dafür zu schaffen. Dazu eignet sich das Mitmachen und Gewährenlassen sehr gut, falls man gerade keine bessere Idee hat. Unsere sicheren „Extros" stecken so voller Energie und Einfallsreichtum, dass man im Normalfall auch gar keine Chance hat, sich genug interessante Dinge einfallen zu lassen. Daher ist es oft besser, ihren eigenen Ideen soviel Freiraum einzuräumen, wie es die Situation gerade erlaubt. Das ist das einfachste Mittel, um sie auf unsere Seite zu holen.

Zudem hilft es dabei, überschüssige Energie abzubauen. Denn gerade diese überschüssige Energie kann Sie bei diesem Pferdetyp oft in Schwierigkeiten bringen. Wie bei den unsicheren, ist daher auch bei den sicheren Extrovertierten das Ablongieren gängige Praxis. Erstens ist das aber sehr langweilig und hat keinerlei Nutzen für die Verbindung, und zweitens wird es meist übertrieben. Das bedeutet, es wird ablongiert bis nicht nur die überschüssige Energie raus ist, sondern oft bis das Pferd schon fast ausgepowert ist. Erst danach setzt man sich dann drauf und erwartet von ihm noch Höchstleistungen.

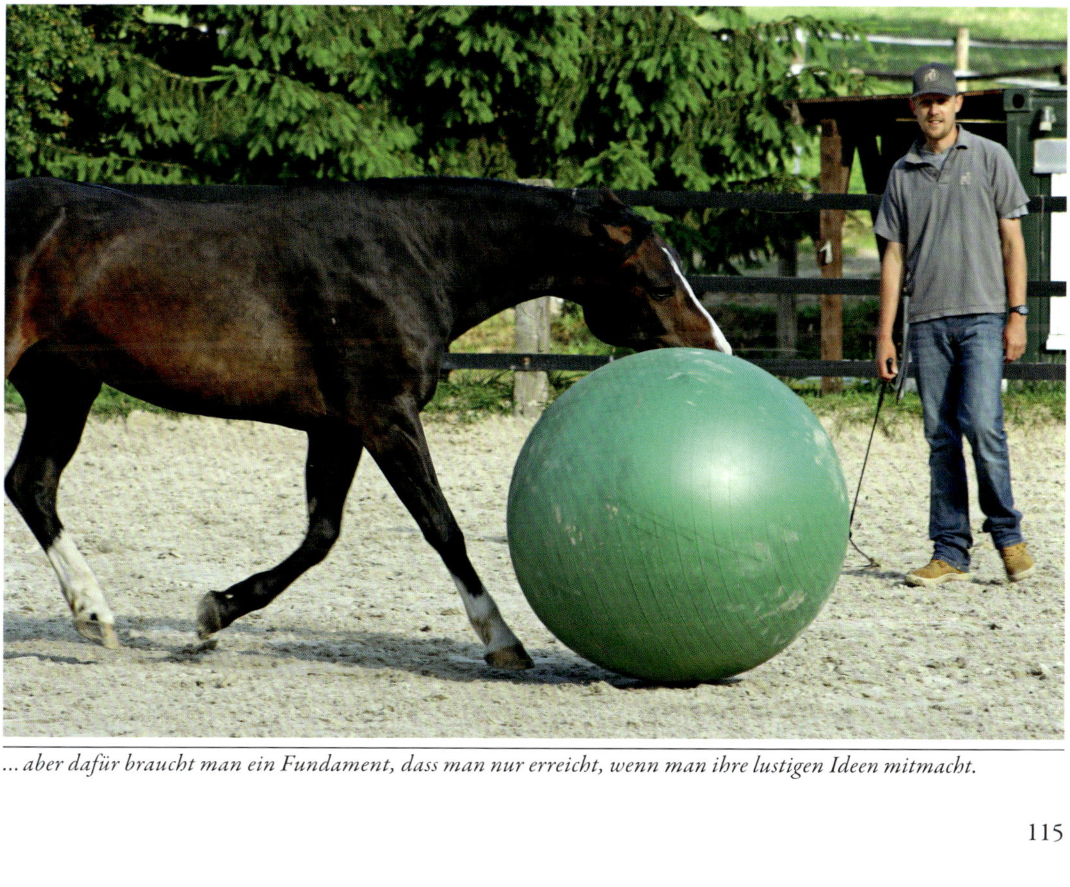

... aber dafür braucht man ein Fundament, dass man nur erreicht, wenn man ihre lustigen Ideen mitmacht.

UNSERE WICHTIGSTEN TIPPS ZUM THEMA PFERDEN HELFEN

MAN KANN NICHT IMMER ALLEN HELFEN?

Dieses Buch beruht auf der Annahme, dass wir den Gemütszustand von Pferden irgendwie modifizieren können. Doch eigentlich ist es nicht nur eine Annahme, sondern wir erleben es jeden Tag, wie unser Verhalten, oder das unserer Schüler und Kollegen, das Innenleben der Pferde positiv beeinflussen kann. Allerdings, ganz ohne Einschränkungen können wir diese Aussage wiederum auch nicht stehen lassen. Es gibt immer wieder Pferde mit sehr tief sitzenden Themen oder stark ausgeprägten Charakterzügen, die sich nicht eben mal auflösen, nur weil man plötzlich netter zu ihnen ist. Und selbst innerhalb eines Persönlichkeitstyps finden sich auch hier und da Vertreter, die entweder außergewöhnlich skeptisch, ängstlich oder sensibel sind, wie auch solche, die mutiger oder belastbarer sind als andere.

DER TRAUM VOM IDEALEN PFERD

Noch wichtiger ist, dass Sie verstehen, dass es nicht unser Ziel ist, Pferde zu verändern. Jedenfalls nicht wesentlich, also von ihrem Wesen her. Wir werden hinterher kein anderes Pferd haben, wir können uns kein Idealpferd zurecht therapieren. So ist es zwar beispielsweise durchaus möglich einem unsicheren Pferd sehr viel Sicherheit zu geben, aber in ein Pferd mit einer sichereren Grundkonstitution wird man es nicht so schnell verwandeln können. Ebenso wenig ist es unser Anliegen, den Pferden nur zu helfen, damit sie nachher besser für uns funktionieren. Es liegt uns vielmehr am Herzen, sie dabei zu unterstützen, mit gewissen Situationen und Gegebenheiten im Rahmen ihrer persönlichen Stärken und Schwächen besser bzw. anders umzugehen. Davon abgesehen, sollen und werden sie einfach so bleiben wie sie sind.

Mit Erfahrung kann man den Pferden mehr als nur vor den Kopf schauen, und ihnen das Leben mit uns um einiges leichter machen. Doch zurechtbiegen kann man sie sich nicht.

NUR EINE ORIENTIERUNGSHILFE

Waren schon die Grenzen zwischen den Persönlichkeiten eher verschwommen, so sind sie das bei den Hilfsstrategien natürlich nicht weniger. Man darf nicht nach einem absoluten Entweder/Oder suchen, sondern muss das richtige Verhältnis des Sowohl/Als auch finden. Die Zutaten dafür bleiben im Grunde die gleichen, nur die unterschiedliche Mischung macht's. Unsere Ausführungen sind also keine Standardlösungen und sie sind auch sicher weder vollständig noch absolut. Was bei dem einen gut funktioniert, erzielt bei einem Pferd mit der gleichen Persönlichkeit vielleicht überhaupt keine Wirkung. Wir möchten Ihnen nur Orientierungshilfen an die Hand geben: In welche Richtung könnten Sie nach der Lösung für ein Problem suchen, oder wo könnte der Weg zu Ihrem nächsten Ziel seinen Startpunkt haben? Aus der Kombination von Persönlichkeit, extremer oder moderater Ausprägung und unzähligen anderen äußeren und inneren

Wie ist mein Pferd JETZT drauf? Und welche Komponenten davon helfen mir, welche machen es mir schwer?

Faktoren, ergibt sich eine enorme Bandbreite an individuellen Eigenarten. Unsere Anregungen zum Umgang kann man daher nur als grobe Richtlinien verstehen, zu denen man im Einzelfall eine jeweils angemessene Interpretation finden muss. Ein gewisses Maß an Eigeninitiative können wir Ihnen also leider (oder zum Glück?) nicht ersparen. Doch wer sie richtig zu nutzen weiß, dem leisten selbst allgemeine Richtlinien unschätzbare Dienste.

WAS IST JETZT GERADE WICHTIG?

Als Erstes sollten Sie immer herausfinden, welche Facetten der Persönlichkeit jetzt gerade im Vordergrund stehen und auch wann sich etwas daran ändert. Sie können Ihrem Pferd schließlich nur aus dem Problem heraushelfen, das es jetzt gerade im Moment hat. Nicht aus dem, was es gestern hatte oder vielleicht normalerweise hat. Dabei helfen Ihnen wieder die kleinen Zeichen. Wenn Sie diese erkennen, werden Sie weniger tun müssen und dennoch mehr erreichen.
Sie werden feststellen, dass einige Aspekte der aktuellen Verfassung des Pferdes Ihnen bei Ihrem Trainingsplan helfen könnten, andere Ihnen im Weg sind und wieder andere keinen Einfluss darauf haben. Erstere nutzen und fördern Sie, an den zweiten müssen Sie arbeiten und die dritte Kategorie können Sie für den Moment ignorieren. Das kann sich bei neuen Zielen oder Problemen immer wieder ändern. Stellen Sie sich zum Beispiel ein Pferd mit ein paar introvertierten und

Hindernisse eignen sich ausgezeichnet zum Ausprobieren.

ein paar extrovertierten Anteilen vor. Würde es beim Anbinden nicht stehen bleiben, aber trotzdem den Eindruck machen es sei in sich verschwunden, dann behandeln Sie es vielleicht lieber wie ein extrovertiertes Pferd, denn das Nicht-stehen-bleiben-können liegt evtl. an den extrovertierten Komponenten. Wenn dasselbe Pferd nicht antraben möchte, sich aber für alles andere in seiner Umgebung interessiert, dann behandeln Sie es wie ein introvertiertes Pferd, weil dieser Faktor vermutlich das Hindernis zum Antraben ist, und nicht die zerstreute Aufmerksamkeit des Pferdes.

PROBIEREN GEHT ÜBER STUDIEREN

Beim Umgang mit Pferden werden Sie sich wohl oder übel an Ungewissheiten gewöhnen müssen. Sie werden trotz unseres Buchs und vielem Training, Situationen nie hundertprozentig richtig einschätzen können, dafür sind sie einfach zu komplex. Sie werden nie die einzig richtige Strategie im Voraus wissen und sich auch nicht sicher sein können, wie gut diese nachher helfen wird, oder welche Konsequenzen sie bei verschiedenen Pferden hat. Die Fähigkeit, mit uneindeutigen Sachlagen zurechtzukommen, bezeichnet man in der Psychologie als Ambiguitätstoleranz. Ausprobieren und beobachten sind unserer Meinung nach das beste Mittel um diese Toleranz zu erhöhen. Und glauben Sie uns: Wenn Sie wirklich mit Pferden natürlich erfolgreich sein wollen, dann brauchen sie die. Etwas nicht genau zu wissen oder herumzuprobieren ist der Normalfall beim Umgang mit Pferden und keine Schande. Mut zur Lücke, zum Raten ist eine Tugend, ohne die niemand auskommt, der mit Tieren zusammen arbeiten möchte.
Der amerikanische Horseman-Veteran John Lyons hat es auf den Punkt gebracht. Auf eine Frage aus dem Publikum bei einem Interview antwortete er sinngemäß: „Ich kann Ihnen nicht genau sagen, was Sie in diesem Fall tun sollen, wichtig ist, DASS Sie etwas tun, und dann schauen, was passiert. Ich tue seit 40 Jahren nichts anderes als raten und ausprobieren – ich werde nur immer besser darin, schneller das Richtige zu probieren."

STUDIEREN HILFT ABER BEIM PROBIEREN

In der Praxis wird es vor allem darum gehen, dass ein ständiger Wechsel stattfindet zwischen Aktion und Beobachtung, zwischen Ausprobieren und Überprüfen. Das Beobachten sollte irgendwann ständig, quasi als Hintergrundprogramm, mitlaufen. Wenn Sie es richtig verstanden und gut geübt haben, sehen Sie automatisch immer kleinere Veränderungen an Ihrem Pferd und nehmen diese auch ernst und wichtig. Auch werden Sie viel früher erkennen, ob Ihre Strategie wirklich eine sinnvolle Idee war, oder ob Sie doch lieber etwas anderes versuchen. Seien Sie also mutig: Eine zunächst „falsche" Entscheidung hilft oft, den richtigen Weg einzuschlagen. In diesem Fall gehen probieren und studieren also gleichberechtigt Hand in Hand.

FRAGEN SIE IHR PFERD

Unser Ziel ist es, Ihnen möglichst viel unserer Erfahrungen an die Hand zu geben, es bleibt jedoch Ihre Verantwortung, was Sie daraus machen. Sie haben natürlich in Ihrem Leben auch schon eine Menge Erfahrungen gesammelt und wir verlangen auch gar nicht, dass Sie alles was Sie bisher gemacht und gelernt haben, über den Haufen werfen. Doch bleiben Sie offen für neue Erkenntnisse und trauen Sie sich, einige Dinge anders zu probieren. Beim Beobachten und Helfen kann da eigentlich nichts schief laufen, Sie können nur dazulernen. Ein großer Vorteil ist, dass Sie keinen Lehrer brauchen, der Ihnen ständig über die Schulter schaut und erklärt, was richtig oder falsch ist. Nein, Ihr Pferd wird Ihnen das immer und überall sagen. Deshalb trauen Sie sich ehrlich mit Ihrem Pferd zu kommunizieren und beginnen Sie Ihrem Pferd zu glauben. Es sagt garantiert die Wahrheit.

Studieren geht Hand in Hand mit probieren: Sie können immer experimentieren, wenn Sie parallel dazu auch beobachten, was es für Auswirkungen hat.

ÜBUNGEN FÜR JEDEN PFERDETYP

VORAUSSETZUNGEN

Grundvoraussetzung für jeden sinnvollen Umgang mit Pferden ist zumindest eine Basiskommunikation. Keine noch so gute Hilfestellung und Unterstützung hat einen Effekt auf die Verfassung des Pferdes, wenn sie aufgrund von Verständigungsproblemen nicht bei ihm ankommt. Folgende Eigenschaften sind daher auch beim Umsetzen unserer praktischen Übungen unverzichtbar. Es wird Sie nicht überraschen, dass es wieder einmal keine Techniken sind, sondern innere Horseman-Qualitäten, die Sie permanent weiterentwickeln sollten. Ihre Einstellung, die unweigerlich vom Pferd wahrgenommen wird, bleibt immer wichtiger als korrekt ausgeführte Übungsanweisungen. Wenn Sie an etwas hart arbeiten wollen, dann lieber an diesen Eigenschaften, als an perfekten Manövern.

Entspannung: Ihr wichtigstes Hilfsmittel im Training sind Sie also selbst. Entscheidend ist es deshalb, dass Sie sich in einem emotionalen Zustand befinden, der Ruhe, Gelassenheit und gleichzeitig Kompetenz und innere Stärke ausstrahlt. Sie müssen Ihrem Pferd von Ihrer Seite aus anbieten können, was Sie sich von ihm wünschen. Entspannung ist dabei enorm wichtig. Und nur, wenn Sie sie authentisch und ehrlich ausstrahlen, wird Ihr Pferd Ihnen diese auch glauben. Außerdem können Sie dann selbst besser konzentriert bleiben und dadurch gezielter agieren, sowie kleine Anzeichen von Entspannung beim Pferd besser bestärken.
Ein guter Test für Ihre eigene Lockerheit ist die Beweglichkeitsprobe. Spüren Sie nach, ob Sie alle Einzelteile Ihres Körpers bewegen können. Die Füße, die Knie, die Hüfte, die Arme, Ihre Ellbogen und die Handgelenke, die Schultern, den Hals, den Kopf und den Unterkiefer. An den Armen erkennt man Anspannung am besten. Die Hände hängen nicht locker an der Seite, sondern werden mindestens auf Hüfthöhe gehalten, und selbst wenn man sich zwingt die Arme hängen zu lassen, sind meist die Schultern noch hochgezogen.

Ein Weg, um Entspannung selbst in stressigen oder belastenden Situationen zu finden, führt über das ruhige und bewusste Atmen. Das ist für manch einen eine Lebensaufgabe, wirkt aber in jeder Hinsicht Wunder. Einige Meditationsformen stellen daher das achtsame Atmen in den Mittelpunkt ihrer Praxis. Es gibt zu diesem Thema eine Fülle von Übungsprogrammen. Wir selbst haben einen Achtsamkeitskurs gemacht, der uns das Atmen, aber auch eine feinere Körperwahrnehmung, näher gebracht hat.

Fokus: Unter diesen Begriff lassen sich mehrere Komponenten zusammenfassen. Konzentration ist eine davon, das innere Bild eine andere, aber auch Ihre Blickrichtung oder wo Sie Ihre Aufmerksamkeit bzw. Energie ganz konkret hindirigieren, spielt eine große Rolle in unserem Fokus-Konzept. Wie man es auch nun jeweils versteht oder nennt, sicher ist: Ein starker Fokus kommt sofort positiv bei Ihrem Pferd an. Diese innere Stärke kann man regelrecht fühlen. Seien Sie sich sicher und klar, was Sie von Ihrem Pferd wollen. Dazu müssen Sie ganz konkrete Fragen an das Pferd stellen und brauchen klare und greifbare Bilder. Vor allem die richtigen inneren Bilder sind wichtig. Können Sie visualisieren, wie Ihre Bewegungen und die des Pferdes je nach Aufgabe aussehen sollen? Wenn nicht, dann versuchen Sie es weiter, für jeden funktionieren andere Bilder, wenn Sie Ihres gefunden haben, werden

Mit der Entspannung kann man es (fast) nicht übertreiben.

Sie es merken. Dann strahlt Ihr Fokus auch Sicherheit aus, und genau das wünscht sich Ihr Pferd von Ihnen. Sollten Sie sich einmal nicht sicher sein, was gerade das richtige Bild oder ein kluger Lösungsansatz ist, denken Sie daran was wir über das Ausprobieren gesagt haben. Auch wenn man aufs Raten angewiesen ist, kann man sich klar für eine Strategie entscheiden und sich darauf konzentrieren, obwohl man sich unsicher ist. Und sogar wenn man einmal tatsächlich gar nicht weiter weiß, und sich bewusst fürs Nichtstun entscheidet, behält man in den Augen der Pferde seinen Fokus. Schließlich schaut man nicht einfach handlungsunfähig zu.

Energie: Ein guter Fokus braucht die richtige Energie als Nährboden. Negative Energie macht das Gegenüber wahlweise ängstlich oder respektlos. Wie eingangs schon erwähnt, beinhaltet solch eine Energie nicht nur Wut und Aggression, sondern auch Unsicherheit, Mitleid, Traurigkeit und Ähnlichem. Lernen Sie, mit positiver Energie an Aufgaben heranzugehen – auch hierunter fällt nicht nur Spaß oder positives Denken, sondern auch Ruhe, Stärke, Gelassenheit oder Ausgeglichenheit. Das brauchen Sie auch beim Spielen mit Pferden, in höheren Gangarten oder bei sonstigen energiegeladenen Gelegenheiten. Um diesem großen Ziel näher zu kommen, können Sie wieder das Atmen und das Relaxen unterstützen. In ruhigen Situationen sollte Ihr Energielevel möglichst unten bleiben, damit Sie dann wiederum sofort mit dem angemessenen Maß an Energie präsent sein können, sobald dies notwendig wird.

Die Arbeit am Rind ist eine gute Gelegenheit, alle Zutaten eines starken Fokus zu trainieren.

Um wilde Sachen mit den Pferden zu machen, sollten Sie gut die Dynamik zwischen Ihrer eigenen und der Energie des Pferdes einschätzen können.

Stellen Sie dem Pferd eine Frage, dann ist es wichtig, immer mit der geringsten Energie anzufangen, diese dann schrittweise zu steigern und zwar so lange bis das Pferd die gewünschte Antwort findet (natürlich angepasst auf die Persönlichkeit). Beim Desensibilisieren achten Sie bitte darauf, dass Sie Ihr Energieniveau möglichst unten und gleichmäßig halten.
Neben dem Einschalten (Jetzt kommt was, jetzt musst du aktiv werden und etwas tun) und dem Ausschalten (Danke, das hast du gut gemacht, jetzt gibt es eine Pause, du kannst sogar tun, was du möchtest) gibt es noch das sogenannte Neutral, bei dem wir weder eingeschaltet noch ganz ausgeschaltet sind. Das bedeutet für das Pferd: Mach das, was du jetzt gerade tust, bitte so weiter.

Timing: Pferde können von Natur aus sehr gut mit Fokus und Energie umgehen, das müssen wir ihnen nicht beibringen. Trotzdem brauchen wir Menschen noch ein zusätzliches Hilfsmittel, um ihnen zu vermitteln, was genau diese oder jene Fragestellung zu bedeuten hat bzw. welche Antwort wir uns darauf vorstellen. Dafür haben wir unser Timing. Wann wir handeln und wann wir uns wieder ausschalten, liefert

Ausschalten und sein Pferd „vergessen" kann man auch, wenn man ihm noch ganz nah ist.

dem Pferd im Grunde schon alle Information, die es braucht. (Re)agieren Sie im richtigen Moment, erfährt das Pferd viel über seine Grenzen und Ihre Führungsqualitäten. Schalten Sie Ihre Energie aus, geben Sie Ihrem Pferd zu erkennen, dass es in genau jenem Moment eine sinnvolle Entscheidung getroffen hat. Das tun Sie z. B., indem Sie sich komplett entspannen (Energie), sich vom Pferd wegdrehen, Ihren Blick und sogar Ihre Gedanken auf etwas anderes richten (Fokus) und deutlich ausatmen. Jean- François Pignon hat dafür folgendes inneres Bild anzubieten: „Vergessen Sie Ihr Pferd!" Dies nimmt ihm jeglichen Druck.

Wir werden Ihnen jetzt noch eine Auswahl an Übungen vorstellen, die unserer Erfahrung nach gut dazu geeignet sind, den Pferden zu helfen. Dabei haben wir uns bemüht, sie so gut es geht auf die verschiedenen Pferdecharaktere abzustimmen. Wenn wir von unsicheren Pferden reden, meinen wir immer auch Pferde, die angespannt sind und ihren Kopf nicht eingeschaltet haben. Ebenso beinhaltet die Bezeichnung sichere Pferde, auch automatisch Entspannung und einen eingeschalteten Kopf.

ÜBUNGEN FÜR EXTROVERTIERTE, UNSICHERE PFERDE

HALBER ZIRKEL

Im Fluchtmodus ist das bloße Laufenlassen auf dem Zirkel oft kontraproduktiv, weil sich die Aufregung schnell selbst verstärken kann. Als wirkungsvolle Alternative bietet sich die Übung des halben Zirkels an. Dafür brauchen Sie eine Bande, einen Zaun oder eine ähnliche

01 Schaffen Sie es nicht, die Fluchtenergie selbst zu unterbrechen, können Sie die Bande nutzen, …

02 … so wie es Henry hier mit Micky demonstriert, der allerdings gerade in keinem extremen Fluchtmodus ist.

01

Begrenzung. Stellen Sie sich mit dem Rücken zur Bande und achten Sie darauf, dass Ihr Pferd einen möglichst großen Abstand zu Ihnen einhält – hoffentlich haben Sie jetzt schon ein ausreichend langes Seil an Ihrem Pferd, sonst bekommen Sie weder den nötigen Sicherheitsabstand, noch können Sie Ihrem Pferd Raum geben, wenn es diesen braucht. In dieser Konstellation kann das Pferd jetzt weiter auf seinem Zirkel laufen, wird spätestens nach jeder halben Runde durch die Bahnbegrenzung gestoppt. Alleine dadurch muss es wenigsten einen kurzen Moment seinen Kopf wieder einschalten. An der Bande kann es sich jedes Mal entscheiden, ob es noch weiterlaufen muss, oder schon in der Lage ist kurz stehen zu bleiben und ein bisschen runterzukommen. Lassen Sie es ruhig so oft und so lange es nötig ist, wieder in die andere Richtung laufen. Bei manchen Pferden kann es auch helfen, sie an der Bande entlang noch zusätzlich ein paar Schritte seitwärts zu fragen. Das ist anstrengend, es beinhaltet schon eine kleine Aufgabe und das Pferd muss mitdenken. In der Regel dauert es dann auch nicht sehr lange, bis es beginnt Sie wieder wahrzunehmen. Bleibt es stehen und schaut Sie fragend an: „Und was ist, wenn ich einfach stehen bleibe?“, ist es wichtig, dass Sie wieder passiv sind und ruhig werden. Sobald sich Ihr Pferd auch entspannt, können Sie von der Bande weggehen und versuchen, ob es wieder soweit bei Ihnen ist, um weiter mitzuarbeiten. Zur Not ist diese Übung auch ohne Bande möglich. Doch es ist schwer, ein Pferd immer wieder anzuhalten und die Richtung wechseln zu lassen, wenn es schon im roten Bereich ist. Besonders, weil Sie selbst in diesem Moment kaum emotional so neutral bleiben können, wie ein Koppelzaun.

02

01 Das ist das Pferd aus Jennys Geschichte, das mit heftigem Steigen und Fluchtverhalten auf verschiedene Situationen reagierte.

02 Es konnte sich dank Jennys ruhiger und starker Führung wieder entspannen.

01

FÜHREN MIT RUHE UND STÄRKE

Das „Führen“ ist eigentlich keine Übung, sondern eine Eigenschaft, die sich in vielen ganz unterschiedlichen Kleinigkeiten manifestiert und sich zum Glück auch in diesen kleinen Häppchen kultivieren lässt. Die meisten davon sind Teile unserer Listen mit den Tipps zum Pferde-Helfen. Ruhe, Geduld, abwarten, Gelassenheit, aber auch ein scharfer Fokus, Entscheidungsfreude, schnelle Reaktionen und Durchsetzungsvermögen (Fragen zu Ende stellen) gehören dazu. Die Entscheidungen, die man trifft, müssen immer für das Pferd getroffen werden und nie für unsere eigenen Ziele und Wünsche. Und daraus ergibt sich unter anderem auch der wichtigste Aspekt guter Führung: Sie kann immer nur ein Angebot an das Pferd sein und dient nicht dazu, es gehorsam oder gefügig zu machen. Bei echter Führung überwiegt also bei Weitem das gebende Element gegenüber dem nehmenden.

Eine Geschichte zu diesem Thema über eine extrovertierte, unsichere Mutterstute und ihr Fohlen hat Peer Ihnen bereits erzählt. Eine andere, die Jenny erlebt hat, wollen wir Ihnen noch als Beispiel mitgeben. Tatsächlich haben wir eher selten extrem unsichere, extrovertierte Pferde auf unseren Kursen. Da wir unser Augenmerk von Anfang an auf Entspannung legen, kommt es häufig gar nicht erst zu großen Reaktionen, wie Steigen, gezieltem Treten oder kopfloser Flucht. Doch manchmal passiert es eben doch. Bei einem Kurs betrat eine Besitzerin mit ihrem Pferd die Reitbahn und erklärte, dass es eigentlich das Pferd ihres Vaters sei, der es fahren würde. Sie selbst würde sich zwar auch etwas um das Pferd kümmern, jedoch wäre es häufig schwierig, weil es sich schnell in emotionale Zustände hinein steigere, besonders wenn es von seinen Freunden getrennt wird. Das erste Bild, was sich Jenny zeigte, war vor allem, dass das aufgeregte Pferd überhaupt nicht auf die junge

02

Frau achtete und außerordentlich distanzlos war. Jenny bat die Besitzerin deshalb, ob sie ihr das Pferd anvertrauen würde, um ihr zu zeigen, wie sie ihm helfen könnte. Da es auch Jenny viel zu nah kam, wollte sie ihre Privatzone beanspruchen. Das war allerdings leichter gesagt als getan, denn jedes Mal, wenn sie ihren Raum effektiv beanspruchen wollte, stand das Pferd sofort auf zwei Beinen und war ihr dabei immer noch bedenklich nah. Weil das Pferd sehr nach außen orientiert war, hatte es außerdem die Idee, sich jedes Mal wegzudrehen und Gas zu geben, sobald die Vorderhufe wieder auf dem Boden waren. Versuchte Jenny es daran zu hindern, indem sie die Hinterhand wegschickte, kam es gleich wieder viel zu nah in ihren privaten Bereich. Nach einigen erfolglosen Versuchen, ging sie zur Übung „halber Zirkel" über, da das Pferd sich offenbar unbedingt bewegen musste. Dies funktionierte schon etwas besser und der Wallach konnte sich ein bisschen entspannen. Wenn Jenny sich jedoch von der sicheren Bande entfernte, wiederholte sich das Drama. Das Pferd geriet sofort wieder in den Fluchttiermodus und nahm sie einfach nicht mehr wahr. Sie musste sich also noch etwas anderes überlegen. Sie fragte sich, was dieses Pferd gerade am dringendsten brauchte und kam zu dem Schluss, dass es geradezu nach kompetenter, ruhiger und starker Führung schrie. Sie ging also los und führte das Pferd über den Reitplatz. Da sie jetzt die Führung übernehmen wollte, lag ihr Fokus vor allem darauf, dass die Pferdenase sie nicht überholte. Sobald das doch passierte, lief sie auf einem kleinen Kreis vom Pferd weg, so dass es sich ebenfalls um sich selbst drehen und dabei auch mit der Hinterhand übertreten musste. Nach dieser kleinen 360 Grad Volte setzte sie nahtlos ihren vorherigen Weg fort. Durch das Drehen des kleinen Kreises, war das Pferd automatisch wieder hinter ihr, ohne das es zu einer Konfrontation zwischen den beiden kam.

So lief sie längere Zeit mit dem Pferd, drehte immer mal wieder einen Kreis, wenn es sinnvoll war und konnte nach und nach Ruhe in die Situation bringen. Es war gut zu beobachten, wie das Pferd immer mehr Entspannung fand, weil es Jenny als Führungsperson wahrnahm. Bald konnten sie beide stehen bleiben, Jenny fühlte sich nicht mehr bedrängt und das Pferd konnte wieder atmen, schauen und riechen. Wenn Sie das Führen mit Ruhe und Stärke selbst ausprobieren, ist es vor allem wichtig, während des Laufens völlig neutral zu bleiben. Ihre Arme sollten entspannt herunterhängen, das Führseil halten Sie in der Führhand und den Rest des Seiles und ggf. den Stick in der anderen Hand. Da Sie ja keine Konfrontation mit Ihrem Pferd möchten, bleiben Sie auch so weit es möglich ist in dieser Haltung, wenn Sie auf dem Kreis gehen. Lediglich, wenn Sie merken, dass sich Ihr Pferd beruhigt, entspannen Sie sich auch vollständig und bleiben stehen.

DESENSIBILISIERUNG

Da die unsicheren Extrovertierten am heftigsten auf Außenreize reagieren, haben wir auch bei ihnen die größte Verantwortung dafür, sie auf alle möglichen Geräusche, Bewegungen, Berührungen etc. vorzubereiten, jedenfalls auf jene, auf die sie nicht reagieren müssen. So früh wie möglich und auch ruhig viel öfter als nötig sollten wir ihnen zeigen, dass sie

Schon eine Jacke kann unsichere Pferde aus der Fassung bringen. Das ist kein Problem, sondern eine gute Gelegenheit.

sich keine Sorgen zu machen brauchen. Das tut man einerseits, indem man sie an Dinge gewöhnt, von denen man weiß, dass sie im Laufe der Ausbildung oder je nach Disziplin und Einsatzgebiet der Pferde vorkommen. Das können laute Musik oder Menschenmengen sein, wenn man auf Turniere gehen möchte, das können Traktoren und Kühe sein, wenn man gerne auf Feldwegen spazieren geht oder Trailhindernisse und Berührungen von Ästen, falls man vor hat mit ihnen im Wald durch unwegsames Gelände zu reiten. Für jedes Pferd gibt es aber auch das Standardprogramm, bei dem es an uns, unsere Trainingshilfsmittel wie Gerten oder Sättel, Halfter und andere Zäumungen oder auch nur an das Putzzeug gewöhnt werden muss. Der Anhänger gehört ebenso in diese Kategorie wie Vorbereitungen auf Tierarztuntersuchungen oder Hufbearbeitung. Und zu guter Letzt haben Sie immer die Chance und die Pflicht, bei allen äußeren Einflüssen, mit denen Ihr Pferd ein Problem hat, direkt aktiv zu werden, um ihm seine Sorge zu nehmen. Bei den unsicheren „Extros" bieten sich jeden Tag mehr als genug Möglichkeiten dazu. Eine Tüte weht über den Hof, eine Futtertonne steht an einer anderen Stelle als gestern oder – auch schon vorgekommen – das Pferd erschreckt sich vor dem Anblick seiner eigenen Hufe, wenn es die neuen Hufschuhe zum ersten Mal anhat.

Desensibilisierung, oder, wir nennen es das Prinzip: „Du bist nicht gemeint", geht immer nach dem gleichen Schema vonstatten. Zuerst findet man heraus, bei welcher Reizschwelle das Pferd schon mit Sorge oder Unsicherheit reagiert. An dieser Schwelle fährt man so lange mit dem fort, was man gerade tut, bis das Pferd Zeichen von Entspannung zeigt oder seinen Kopf wieder einschalten kann. In diesem Moment beenden Sie die Handlung, die dem Pferd Sorge bereitet hat. Möchten Sie also Ihr Pferd mit Fliegenspray einsprühen, und es dreht sich dabei im Kreis, dann sind sie schon ein bisschen zu schnell vorangegangen. Zeigen Sie ihm erst einmal die Flasche. Hat es damit ein Problem, dann zeigen Sie ihm die Flasche trotzdem weiter, bis es sich entscheidet, sich dafür zu interessieren. In dem Moment entfernen Sie sich selbst inklusive der Sprühflasche und entspannen sich. Hat es mit der Sprühflasche an sich kein Problem mehr, streicheln Sie es damit. Fahren Sie auch hier mit dem Streicheln fort, bis es nicht mehr mit Meideverhalten und Anspannung reagiert, und beenden Sie dann das Streicheln. Ist auch das nach einigen Wiederholungen in Ordnung, sprühen Sie aus ein paar Metern Entfernung in die entgegengesetzte Richtung des Pferdes. Danach verringern Sie den Abstand, sprühen Sie etwas mehr in seine Richtung, dann auf weniger problematische Stellen wie Schulter oder Kruppe usw. Für jeden dieser Schritte gilt weiterhin: Bei Anspannung und Fluchttendenz bleiben Sie dran, bei Interesse, Entspannung und Stehenbleiben hören Sie auf. Um den Geldbeutel zu schonen, füllen Sie übrigens am besten Wasser in die Flasche. Nach diesem Prinzip von Annäherung und Rückzug, können Sie in den unterschiedlichsten Situationen eine Angstschwelle nach der anderen auflösen.

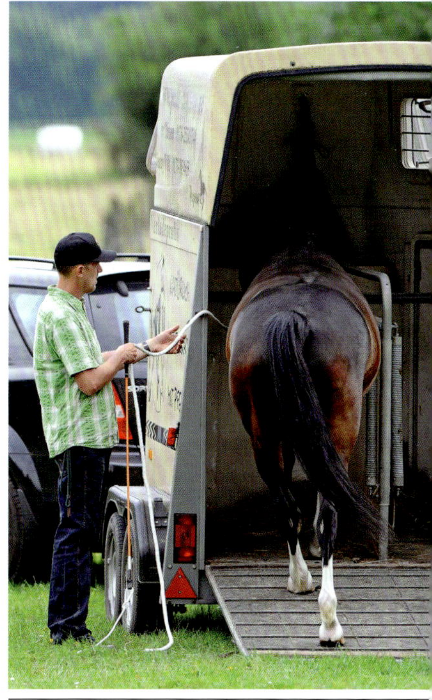

Für Pferd und Mensch ist das Leben erheblich leichter, wenn das Verladen sicher und entspannt klappt.

Kopf oben – Adrenalin oben …

DEN KOPF HERUNTER FRAGEN

Wenn Pferde aufgeregt sind und ihren Kopf möglichst weit hoch nehmen, um die Umgebung auf mögliche oder konkrete Gefahren hin abzuscannen, hat das eine Ausschüttung von Adrenalin zur Folge. Laut Wikipedia ist Adrenalin „ein Stresshormon und schafft als solches die Voraussetzungen für die rasche Bereitstellung von Energiereserven, die in gefährlichen Situationen das Überleben sichern sollen (Kampf oder Flucht)." Zusammen mit weiteren Auswirkungen, wie erhöhter Atem- und Herzfrequenz, einem gesteigertem Erregungszustand, vermehrter Schweißproduktion und Pupillenerweiterung, ergibt das eigentlich eine recht präzise Umschreibung unserer unsicheren Extrovertierten. Biologisch gesehen ergibt es für das Pferd natürlich Sinn, wenn Adrenalin ausgestoßen wird. Jedoch hatten wir ja schon am Anfang des Buches erklärt, dass dies in unserer Welt eher zu Problemen führen kann.
Sobald das Pferd seinen Kopf wieder herunternehmen kann, ist dies ein Zeichen dafür, dass das Adrenalin schwindet, was in der Regel relativ schnell vonstatten geht, wenn nicht ein erneuter Reiz weitere Adrenalinschübe verursacht. Eine alte Horsemanregel lautet daher auch: Kopf oben – Adrenalin oben, Kopf unten – Adrenalin unten.
Ein weiterer Grundsatz lautet, dass Körperhaltung und Emotionen sich gegenseitig beeinflussen. Der Einfluss der Psyche auf die Physis ist dabei zwar ungleich größer, als es in die Gegenrichtung der Fall ist, aber er ist unbestreitbar vorhanden. So können wir auch unserem auf-

... Kopf unten – Adrenalin unten!

geregten Pferd durch das Absenken des Kopfes aktiv dabei helfen, das Adrenalinlevel zu senken und sich zu entspannen. Der Körper produziert dann automatisch Serotonin, ein weiteres Hormon, welches „positive Auswirkungen auf die Stimmungslage hat. Es gibt das Gefühl von Gelassenheit, innerer Ruhe und Zufriedenheit."(Wikipedia).
Na, das ist doch mal ein Satz, der jedem Besitzer eines extrovertierten, unsicheren Pferdes auf der Zunge zergehen müsste. Üben Sie also schon in entspanntem Zustand, den Kopf Ihres Pferdes immer leichter herunter fragen zu können und am besten auch aus dem Sattel dafür eine Möglichkeit zu finden. Dadurch erhöhen Sie zumindest die Wahrscheinlichkeit, Ihrem aufgeregten Pferd schneller aus Stresssituationen heraushelfen zu können.

EINE ÜBUNG ZUM MITDENKEN

ZIELSPIEL

Ein wirklich verlässliches Zeichen für ein mitdenkendes Pferd ist es, wenn es seine Nase einsetzen kann. Das bedeutet, dass es sie zum Erkunden und Untersuchen benutzt und tatsächlich an etwas riecht. Der erste Schritt, der aus der Unsicherheit und Anspannung herausführt, besteht fast immer darin, dass Pferde sich der Situation und ihrer Angst stellen, indem sie sich ihr zuwenden und sich damit beschäftigen, anstatt nur an Flucht zu denken. Sie beginnen dann ganz mutig, sich etwa ein furchteinflößendes Objekt anzuschauen, oder noch besser, es mit ihrer Nase zu untersuchen. An ihrer Körpersprache kann man ausgezeichnet beobachten, wie sie aus dem Fluchtmodus herauskommen. Ihr ganzer Ausdruck verrät den inneren Konflikt zwischen dem Drang zur Flucht und dem Wunsch, doch lieber die Angst selbst loszuwerden und nicht nur das, was ihnen Angst macht. Die Anspannung und die Unsicherheit sind noch sehr deutlich zu erkennen, obwohl sich der Kopf langsam wieder einschaltet. Das zeigt sich beispielsweise dann, wenn Pferde Gegenstände unter großer Anspannung untersuchen und dabei laut „schnorcheln". Das ist ein Zeichen von Spannung und großer Skepsis, jedoch gepaart mit dem Bedürfnis herauszufinden, was es mit der Plane, dem Anhänger usw. auf sich hat. Beim Zielspiel nutzen wir dieses Prinzip, um den angespannten, unsicheren Pferden zu helfen, ihre Nase aktiv zu benutzen. Und als Bonus bietet das Zielspiel auch mit den sicheren Pferden viele tolle Möglichkeiten, die Verbindung über einen Umweg (das Ziel) zu erlangen oder die Extrovertierten mit einem Ziel nach dem anderen vernünftig zu beschäftigen.

Doch nun zum Ablauf. Suchen Sie sich ein ganz konkretes Ziel, das Ihr Pferd am Ende mit der Nase berühren soll, z. B. einen Bahnpunkt. Zu hohe, zu niedrige oder zu kleine Ziele sind am Anfang nicht empfehlenswert. Gehen Sie mit dem Pferd in die Nähe des Punktes und positionieren Sie sich in ca. 2 bis 3 Metern Abstand vom Ziel an der Bande. Ab jetzt brauchen Sie ein gutes inneres Bild davon, wie der Weg des Pferdes aussehen muss, wenn es am Punkt ankommen soll und wie es sich mit dem Zielpunkt beschäftigt, also daran riecht. Schicken Sie Ihr Pferd nun in Richtung des Punktes, so, als würden Sie es auf den Zirkel fragen. Das heißt, es bewegt sich erst der Kopf, dann die Vorhand und schließlich das ganze Pferd in Richtung Ziel, während Sie schön auf Ihrem Platz stehen bleiben. Solange sich das Pferd in etwa auf das Ziel zubewegt (besonders die Nase), bleiben Sie neutral und bestätigen es damit. Orientiert es sich vom Zielpunkt weg oder bleibt es einfach stehen, helfen Sie ihm durch Seil und Stick oder Ihre Körpersprache dabei, wieder auf den gewünschten Kurs zu finden. Dann werden Sie erneut neutral. Für beides ist präzises Timing nötig. Versuchen Sie, möglichst genau zu sein und bleiben Sie geduldig. Dieser Wechsel von passiv und aktiv führt dazu, dass Ihr Pferd immer besser versteht, worum es geht. Riecht es schließlich am Zielpunkt, dann schalten Sie sich sofort ganz aus und gehen mit dem Pferd vom Ziel weg, um Pause zu machen oder, um sich das nächste Ziel zu suchen.

In der Regel schaffen es die extrovertierten Pferde ziemlich schnell, die Aufgabe zu verstehen und den Zielpunkt zu berühren. Mit der Zeit können Sie das Spiel immer besser nutzen, um Ihr Pferd zu entspannen, oder es für Ihre Ideen zu interessieren. Bei den Introvertierten ist dagegen Ausdauer gefragt. Lassen Sie ihnen unbedingt die Zeit, die sie brauchen, um aus sich herauszukommen und sich zu trauen, ihre Nase zu benutzen. Häufig verharren die Pferde ein paar Zentimeter vor dem Zielpunkt, ohne ihn wirklich zu untersuchen. Andere erkunden alles um den Zielpunkt herum, können ihn jedoch nicht genau berühren. Warten Sie ab, ziehen Sie sich lieber zwischendurch ein bisschen zurück und starten langsam und ruhig einen neuen Versuch. Denken Sie daran, es geht nicht darum, eine Aufgabe besonders schnell zu lösen, sondern immer nur darum, Ihrem Pferd aus seinem unangenehmen Modus herauszuhelfen oder es auf Ihre Seite zu holen.

Wie schon erwähnt, fällt es den unsicheren „Intros" schwerer, sich mit Dingen auseinanderzusetzen. Umso schöner, wenn sie es am Ende doch schaffen.

ÜBUNGEN FÜR DIE VERBINDUNG

DAS SPIEGELN

Als Übung für das Beobachten ging es beim Spiegeln vor allem darum, sich ins Pferd hinein zu fühlen, um es besser zu verstehen. An dieser Stelle möchten wir noch zusätzlich auf die kleinen Besonderheiten bei unterschiedlichen Pferdetypen eingehen und darauf, wie und warum es ihnen hilft. Wir möchten das Spiegeln also ebenfalls nutzen, um die Verbindung zu verbessern und das Pferd zu entspannen. In unserer Auflistung haben wir es nur bei den sicheren Pferden ausdrücklich als Spiegeln bezeichnet, doch bei den unsicheren taucht es auch immer wieder auf, wenn auch nicht als eigene Übung, sondern als generelles Prinzip. So haben wir etwa geschrieben, dass Sie bei den Extrovertierten schnell reagieren, das heißt, deren Energie spiegeln müssen und bei den Introvertierten zusammen mit ihnen abwarten, also sozusagen die Reaktionszeit spiegeln sollten.

Was gibt es nun also bei den verschiedenen Persönlichkeitsmerkmalen noch alles zu beachten? Ein unsicheres, extrovertiertes Pferd sollten bzw. brauchen Sie nicht aus der Nähe zu spiegeln. Machen Sie die Übung aus einer Distanz, die sich sicher und gut anfühlt. Außerdem ist es besonders wichtig, dass Sie Ihre eigene Energie gut im Griff haben. Es ist kontraproduktiv, wenn Sie noch zusätzliche Power in die Situation einbringen, die den aufgeregten Zustand des Pferdes noch verstärkt oder ihn aufrecht erhält. Synchronisieren Sie sich also mit Ihrem Pferd auch in hektischeren Situationen, während Sie aber gleichzeitig Ihre Ruhe und innere Stärke beibehalten. Wenn es etwa seinen Hals nach oben streckt und angespannt etwas in der Ferne beobachtet, machen Sie das ebenfalls, doch übernehmen Sie das negative Gefühl des Pferdes nicht.

01 – 02 Ganz nebenbei und doch so wichtig: Jederzeit den Blickwinkel des Pferdes zu kennen, zu sehen, was es sieht, zu wissen, was es wahrnimmt und was ihm Sorge bereitet, ist dringend nötig zum Helfen und Fördern.

01

02

Lassen Sie sich nicht negativ von der Energie der Pferde beeinflussen.

Ähnlich ist es, wenn solch ein Pferd aus der Fluchttier-Kategorie ins Rennen gerät. Natürlich werden Sie dabei nicht mitrennen können, weil es einfach zu schnell ist, aber auch wenn Sie in der Mitte stehen bleiben (im Roundpen oder am Seil), sollten Sie die kopflose unkontrollierte Energie besser nicht als Ihre eigene annehmen. Denn ein Fluchttier wird fast alles, was von Ihnen kommt, nur in zusätzliche Dynamik umsetzen. Es stehen Ihnen trotzdem noch eine ganze Reihe von Maßnahmen zur Verfügung. Was Sie z. B. im Sinne des Spiegelns tun können ist Folgendes: Gehen Sie aus der Distanz mit und überholen es ggf. minimal. So treiben Sie nicht, das Pferd fühlt sich aber auch nicht alleine gelassen. Sollte Ihr Pferd langsamer werden, oder sogar durchparieren, ziehen Sie sich von ihm zurück. Damit spiegeln Sie das Runterfahren der Energie.

Spiegeln kann auch manchmal bedeuten, dass man der Energie des Pferdes etwas entgegenzusetzen hat. Bei den eher sicheren offensiveren Pferden etwa oder bei den panischen unsicheren Pferden können wir das gut brauchen, um unsere eigene Sicherheit zu gewährleisten. Dabei brauchen wir nämlich gerade soviel Energie, um auch wirklich effektiv zu sein, aber nicht so viel, dass die Situation weiter eskaliert oder das Pferd glaubt, sich wehren zu müssen. Das Spiegeln besteht hier also weniger im Mitmachen, sondern im Widerspiegeln.

Bei einem introvertierten Pferd kann es vorkommen, dass so gut wie gar nichts passiert. Doch das täuscht in der Regel. Suchen Sie nach minimalen Bewegungen des Pferdes. Vielleicht entdecken Sie ein Zucken der Lippen, oder ein Hochziehen der Mundwinkel. Falls nicht, bleiben

Sie eben genauso regungslos wie das Pferd. Oder konzentrieren Sie sich auf dessen Atmung und spüren Sie nach, wie es sich anfühlt, nach innen zu flüchten oder sich zu entziehen. Haben Sie ein unsicheres Pferd, das es überhaupt nicht aus seiner Starre herausschafft, kann es sein, dass schon Ihre bloße Nähe zu viel Druck ausübt. Vergrößern Sie den Abstand und finden Sie heraus, wie groß die Distanz sein muss, damit es sich wieder bewegen kann. Hilfreich kann es auch sein, wenn Sie eine andere Person bitten, Ihr Pferd langsam zu führen, während Sie es spiegeln. Manchen Pferden hilft die einfache Bewegung schon, wieder an die Oberfläche zu gelangen.

Die sicheren „Intros" bekommt man oft, indem man alles fast noch langsamer macht als sie. Das nimmt ihnen den Wind aus den Segeln und bietet ihnen keine Angriffsfläche für Widerstand. Doch dürfen Sie dabei nicht selbst mit Ihrer Energie stecken bleiben; mental wie physisch muss alles flüssig, rund und weich bleiben.

Bei den sicheren „Extros" lässt man sich auf das Spielen und ihre Offenheit ein, wie Sie schon gelernt haben. Dadurch bleibt man ihnen aus dem Weg, bremst sie nicht aus oder veranlasst sie nicht, sich eine interessantere Beschäftigung zu suchen. Wenn die Verbindung dann da ist, können Sie auch wieder Ihre eigenen Projekte weiterverfolgen.

Zu guter Letzt unterstützt Sie das Spiegeln auch beim Desensibilisieren. Weil es dabei ja wichtig ist, dranzubleiben, bis eine positive Veränderung eintritt, ist es entscheidend, sich gut an Energie und Geschwindigkeit des Pferdes anpassen zu können. Bei Aufregung müssen Sie sich schnell mitbewegen, und wenn Ihr Pferd sich beruhigt, wieder langsamer werden. Darüber hinaus verringert Spiegeln die Gefahr, dass Sie ein aufgeregtes Pferd unbeabsichtigt noch weiter überreizen.

01 – 02 Mitgehen oder stehenbleiben? Bei extrovertierten Pferden muss man beim Desensibilisieren immer auf den Punkt genau mitmachen.

01

02

01

02

DIE VERBINDUNGS-ÜBUNG

Jean-François Pignon hat gesagt, dass man eigentlich überhaupt nichts mit einem Pferd zu machen braucht, wenn man keine Verbindung zu ihm hat. Die Verbindung ist also eines der größten Ziele, die Sie anstreben sollten. Im Jahr 2013 durften wir auf einem 5-tägigen Kurs erleben, was Jean-François Pignon unter seiner sogenannten „Bonjour-Übung" versteht. Die Übung heißt bei ihm so, weil er möchte, dass das Pferd Kontakt zum Menschen aufnimmt. Doch ebenso wie Respekt und Vertrauen, ist eine wahre Verbindung nichts, was man einfach einfordern kann. Man muss sich darum bemühen. Sie sehen also, die Verantwortung bleibt wieder einmal an uns hängen.

Ganz wesentlich bei dieser Übung ist es, dass das Pferd den Menschen tatsächlich mit seiner Nase berührt und an ihm riechen kann. Man kann es als eine Art Zielspiel mit uns als Ziel sehen.

Sie beginnen, indem Sie vor Ihrem Pferd stehen. Von dort aus gehen Sie in einem großen Bogen auf die Hinterhand zu – am besten immer zu der Seite, zu der das Pferd gerade nicht schaut. Obwohl Ihr Weg zur Hinterhand führt, starten Sie mit dem Bild im Kopf, dass Sie die Vorhand des Pferdes mitnehmen möchten. Die Frage an das Pferd lautet in etwa: „Möchtest du dich mir anschließen?" Reagiert das Pferd darauf nicht, kommt jetzt die Hinterhand ins Spiel. Diese lassen Sie nämlich weichen, während Sie weiter auf Ihrem Kreis laufen. Dabei behalten Sie trotzdem das Gefühl bei, dass Sie die Vorhand zu sich heransaugen möchten. Man konnte es auch so formulieren: Ihr Blickfokus geht in Richtung Hinterhand und Ihr Gedankenfokus zieht weiterhin die Vorhand zu Ihnen.

01 Mit Hilfe dieser Übung schaffen Sie es, angespannte, abgelenkte Pferde zu beruhigen und zu Ihnen zurückzuholen.

02 Ob das klappt oder nicht, können Sie dem Pferd an der Nasenspitze ansehen.

Dafür müssen Sie Ihren Fokus aufteilen: Die Schulter zieht die Vorhand und der Blick schickt, wenn nötig, die Hinterhand.

Auch wenn Amy nicht an Peer riecht, ist die Verbindung in dieser Szene nicht zu übersehen.

Mit diesem doppelten Fokus gehen Sie auf Ihrem Kreis solange weiter, bis die Vorhand und die Nase des Pferdes sich in Ihre Richtung bewegen. Gehen Sie langsam und ruhig, aber auch bestimmt und selbstsicher. Vertrauen Sie darauf, dass sich Ihr Pferd Ihnen zuwenden wird. Wenn das geschieht, halten Sie in der Bewegung inne und entspannen sich. Kommt Ihnen die Aufmerksamkeit Ihres Pferdes abhanden, geht die Übung von vorne los. Manchmal deuten Sie vielleicht nur ein Losgehen an und die Nase kommt schon, manchmal müssen Sie schon ein paar Runden laufen. Ärgern Sie sich nicht darüber, dass Ihr Pferd Sie ignoriert, sondern nutzen Sie es als Chance. Vermeiden Sie es, am Seil zu ziehen, denn über das Seil bekommen Sie nie die Qualität der Verbindung, auf die wir aus sind. Es wäre nämlich am Ende nicht die Entscheidung des Pferdes, sich für Sie zu interessieren, sondern eine erzwungene Aufmerksamkeit.

Bei den introvertierten Pferden müssen Sie besonders langsam sein, möglichst wenig Energie verwenden und Geduld haben. Sie haben ja bereits gelernt, dass gerade diese Typen schlecht Kontakt zu Menschen aufnehmen können. Umso wichtiger ist es, dass Sie ihnen alles anbieten, wonach sie suchen: Ruhe, Stärke und Entspannung. Bei den extrovertierten Pferden kann Ihre Schnelligkeit gefragt sein. Allerdings gilt das hauptsächlich für Ihre Reaktionszeit beim Fragenstellen. Seien sie punktgenau, aber nicht hektisch oder nervös. Auf Ihrem Kreis sollten sie trotzdem nicht viel schneller laufen. Dadurch halten Sie Ihr Angebot für Ruhe und Stärke aufrecht. Denken Sie daran, diese Pferde suchen kompetente Führung und trotzdem Ruhe und Entspannung

ÜBUNGEN FÜR INTROVERTIERTE, UNSICHERE PFERDE

VERFOLGEN

Für diese Übung eignet sich am besten ein Roundpen, Picadero oder ein ähnlicher, relativ begrenzter Platz. Wieder ist die Zielsetzung, dass das Pferd freiwillig die Verbindung zu Ihnen sucht. War es bei der „Bonjour- Übung“ am Seil, ist es aber nun frei und hat damit weitaus mehr Möglichkeiten Nein zu sagen und sich zu entziehen. Ihre erste Aufgabe ist es dann auch, das Nein nicht zu verhindern. Sie verfolgen das Pferd lediglich dann, wenn es lieber von Ihnen weggeht, als bei Ihnen zu bleiben. Dabei befinden Sie sich möglichst in gerader Linie hinter dem Pferd, allerdings mit dem nötigen Sicherheitsabstand und ohne es aktiv zu treiben. Das Pferd kann entscheiden was es macht, nur stehenbleiben soll es nicht. Falls es das doch tut, fragen Sie es weiter, aber eben nur bis es sich wieder in Bewegung setzt. Dann muss die treibende Energie aufhören. Bleiben Sie dabei neutral und freundlich, aber auch etwas spannend und interessant, indem Sie versuchen sich hinter dem Pferd in seinem toten Winkel zu verstecken. Das unterstreicht den Spielcharakter der Übung.

Haben Sie alles richtig gemacht, wird sich Ihr Pferd nach einer gewissen Zeit fragen, was Sie da hinten treiben und dreht vielleicht den Kopf zu Ihnen herum. Genau in diesem Moment drehen Sie sich von Ihrem Pferd weg. Am besten spiegeln Sie seine Bewegung, das macht es einfacher. Dann warten Sie ab, was passiert:

- Sollte Ihr Pferd wieder von Ihnen weggehen, beginnt die „Verfolgung“ von vorne.
- Wenn seine Aufmerksamkeit bei Ihnen bleibt und es dabei weiterläuft, können auch Sie in Bewegung bleiben, solange es Ihnen folgt.
- Bleibt es stehen, ist Ihnen aber noch zugewandt, laufen Sie einfach langsam in einem großen Bogen auf seine Hinterhand zu und machen die„Bonjour-Übung“ bis es ganz bei Ihnen ist.

01 Solange Ihr Pferd von Ihnen weggeht, verfolgen sie es (ohne es zu treiben), ...

02 ... sobald es sich für Sie interessiert, ziehen Sie sich zurück. Früher oder später wird es sich Ihnen anschließen.

01

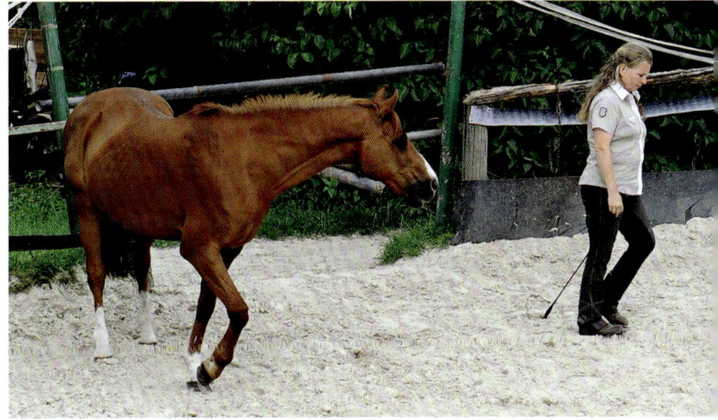

02

Gerade am Anfang kann es sein, dass Ihr Pferd noch häufig von Ihnen weggeht. Durch die ruhige, starke und entspannte Energie, die Sie ausstrahlen sollten, besonders wenn Ihr Pferd in Ihre Richtung denkt, wird es sich aber sehr bald wohl und sicher bei Ihnen fühlen und Ihre Nähe suchen.

ZUSAMMEN PAUSE MACHEN

Nichts zu wollen und nichts zu fordern, weder beurteilen noch bewerten – das waren die wichtigsten Prämissen für richtiges Beobachten. Wir wissen aber, wie schnell man das wieder vergessen kann. Deswegen möchten wir gerne diese Übungen mit einer kleinen Erinnerung daran abrunden, und Ihnen das Zusammen-Pause-machen als eigenständige Aufgabenstellung ans Herz legen. Da Sie und Ihr Pferd in der Zwischenzeit ja schon aktiv waren, vielleicht auch Konflikte austragen mussten, ist diese Pause ein klein bisschen anders, als bloß Zeit mit dem Pferd zu verbringen. Sie bietet die Möglichkeit zur Regeneration und gibt der Beziehung Zeit sich nach Anstrengung und Widrigkeiten zu stärken – fast so wie beim Muskeltraining oder Ausdauersport. Regenerationszeiten einzuhalten ist ebenso wichtig wie die Anstrengung selbst. Genießen Sie also die gemeinsame Zeit. Tun Sie Ihrem Pferd etwas Gutes. Geben Sie ihm, was es braucht. Manchmal ist das ein Streicheln oder Kratzen, manchmal leckeres Gras, ein anderes Mal vielleicht sogar etwas Abstand zu Ihnen. Ihr Pferd hat die Wahl, es ist ja schließlich hauptsächlich seine Pause.

Die Pferde können nicht nur die Pause von uns, sondern auch mit uns sehr genießen.

DIE CHECKLISTE – EIN MULTITALENT

Jetzt wissen Sie schon eine ganze Menge über die Persönlichkeiten und darüber, wie Sie welche Art von Pferd unterstützen können. Das Wenigste davon lässt sich schön geordnet umsetzen. Es macht trotzdem wenig Sinn einfach ins Blaue hinein loszulegen. Selbst das Ausprobieren, das wir Ihnen in den letzten Kapiteln ausdrücklich empfohlen haben, sollte in einen mehr oder weniger planvollen Rahmen eingebettet sein.

Von Anfang an den roten Faden im Blick. Dazu haben Sie ab jetzt immer eine Checkliste.

IM CHAOS DEN ÜBERBLICK BEHALTEN

Auch im scheinbar undurchdringlichen Chaos gibt es Prioritäten, eine Art Dringlichkeitsliste. Man muss sich für einen Startpunkt entscheiden und wenigstens ungefähr ahnen, in welche Richtung es weitergehen könnte. Planlosigkeit und besonders die Unfähigkeit zu handeln, suggerieren Unsicherheit, und das ist für beide Seiten kein geeigneter Ausgangspunkt für zielführende Hilfestellungen. Wenn sich das Projekt Mensch hilft Pferd für Sie nach einem schwierigen Unterfangen anhört, dann täuscht Sie dieser erste Eindruck nicht. Gerade am Anfang ist es schwer, den Überblick zu behalten. Inmitten von Austesten, einer ständig wechselnden Pferdepersönlichkeit und allgemein gehaltenen, diffusen Anweisungen unsererseits, erkennt man den roten Faden, der alles zusammenhält, erst nach und nach.
Immer wenn es um den Überblick und den roten Faden geht, nutzen wir seit vielen Jahren ein unschätzbares Hilfsmittel. Wir nennen es unsere Checkliste. Die Checkliste hilft dabei, das große ferne Ziel gleichzeitig mit dem nächsten kleinen Schritt im Auge zu behalten. Auch dieser Begriff wird einigen schon aus unserem Buch „Sicher und frei reiten" bekannt sein. Dort haben wir ihn hauptsächlich unter dem Gesichtspunkt der Desensibilisierung betrachtet. Da die Checkliste aber sowohl für das Pferde-helfen, als auch für die Motivation wichtig ist, wollen wir sie noch einmal etwas umfassender ausleuchten.

KLEINE SCHRITTE

Die Idee zu diesem Werkzeug entwickelte sich aus unterschiedlichen Erlebnissen. Ihren Ursprung hat sie in der Tatsache, dass Peer sich immer so elegant und schwungvoll vom Boden aus auf den blanken Pferderücken schwingen kann. Schüler von uns, die es ihm gleichtun wollten, kamen oft erst gar nicht dazu, ihre akrobatischen Fähigkeiten zu testen, weil die Pferde in der Regel nicht lange genug ruhig stehen blieben.

01

02

01 – 02 Peers Aufsteigemethode lieferte den Startschuss zur Entwicklung der Checkliste.

Die Besitzer setzten das jedoch als Selbstverständlichkeit voraus. Wir sagten ihnen dann, dass sie, wie Peer auch, die Pferde erst einmal um Erlaubnis fragen sollten, ob sie denn überhaupt aufsitzen könnten – das ist unsere Formulierung dafür, den Pferden zu zeigen, dass es okay ist, beim Aufsteigen oder eben beim Draufschwingen, stehenzubleiben. Die Reaktion unserer Schüler war fast immer gleich: „Aber Peer fragt doch auch nicht um Erlaubnis, er geht einfach hin und springt drauf." Da war es klar, dass sie die vielen kleinen Schritte, die sich Peer einzeln erarbeitet hatte, nicht wahrnahmen. Wie auch, es war ja schließlich ein dynamischer flüssiger Vorgang. Für Peer war es jedoch selbstverständlich, dass er die Reaktionen des Pferdes bei jedem kleinen Teilschritt immer mit im Blick hatte, auch wenn er sich „nur" mal eben auf das Pferd schwang. Wie konnten wir das also besser vermitteln? Irgendwann kam uns das Bild einer Checkliste in den Sinn, bei der man erst den ersten Schritt abhaken muss (engl.: to check) bevor man sich an den zweiten machen kann und so weiter. In unserem Video Nr. 04 auf S. 147 geht es übrigens ebenfalls um eine Checkliste beim Aufsteigen, in der man gut sehen kann, wie man das Pferd um Erlaubnis fragt und wie man die ablehnenden in zustimmende Antworten verwandelt, ohne das Pferd zu zwingen.

Bestätigt sahen wir unsere Idee bei einer anderen Gelegenheit, und zwar als wir zum ersten Mal auf Arhöna bei den „Weeks of the Horsemen" als Trainer gebucht waren. Leider hatten sich für unseren Kurs damals nur zwei Teilnehmer angemeldet, weshalb dieser offiziell ausfiel. Wir wollten jedoch trotzdem die Chance nutzen und fuhren in die wunderschöne Rhön, um die anderen Trainer zu treffen und natürlich auch das ein oder andere von ihnen zu lernen und neue Erkenntnisse zu erlangen. So hatten wir unter anderem auch die Möglichkeit Ian Benson bei der Arbeit zuzuschauen, über den wir bereits bei der Spiegelübung geschrieben haben. Im Kurs arbeitete Ian gerade mit einem Pferd am Anhänger. Es ist für uns immer etwas Besonderes von anderen Trainern zu lernen und natürlich auch Gemeinsamkeiten zu erkennen. Wenn wir selbst Pferde verladen, stellen die Besitzer spätestens nach einer halben Stunde fest: „Mein Gott, was habt ihr für eine Geduld? Das ist ja unglaublich, ich wäre schon ausgeflippt, und wäre garantiert nicht so freundlich und entspannt geblieben!“ Wir hatten uns zu diesem Thema aber nie wirklich konkrete Gedanken gemacht, bzw. waren davon ausgegangen, dass unsere Geduld aus unserem Wissen über Pferde herrührte. Als wir Ian nun beim Verladen beobachteten, stellte Jenny irgendwann überrascht fest: „Jetzt habe ich es verstanden! Wir haben überhaupt nicht mehr Geduld als andere Menschen! Und Ian natürlich auch nicht.“ Aber – und das ist der große Unterschied zu Menschen, die mit ihren Pferden am Anhänger schier verzweifeln – wir teilen den Prozess des Verladens in tausend kleine Schritte auf. So kann uns das Pferd jederzeit sagen, wo seine Grenze liegt, bzw. an welcher Stelle seine Angst zu groß wird. In der Regel ist das der Moment, in dem das Pferd von sich aus stehen bleibt. Mit Hilfe der kleinen Schritte können wir immer erkennen, wann es sich ein bisschen weiter traut, oder wann es auch mal wieder einen Schritt zurück fällt. Das ist unerlässlich, um den richtigen Zeitpunkt für Annäherung oder Rückzug zu erkennen, wie wir es schon bei der Übung „Desensibilisieren“ beschrieben haben.

Das gleiche Prinzip können Sie nutzen, um Ihr Pferd an alles Mögliche zu gewöhnen, also zur Desensibilisierung. Sei es eine Gerte, der Sattel, die nächste Wurmkur oder das schon beschriebene Fliegenspray-Thema. Wenn Sie danach suchen, werden Sie bei jeder Gelegenheit für jedes große Ziel die kleinen Schritte auf der Checkliste erkennen können.

01 – 02 Am Anhänger ist die grobe Checkliste relativ klar: Kannst du den nächsten Schritt machen? Kannst du den nächsten Schritt machen?

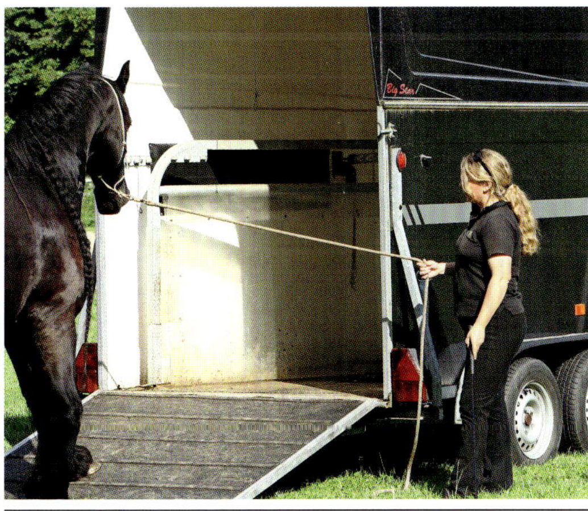

01

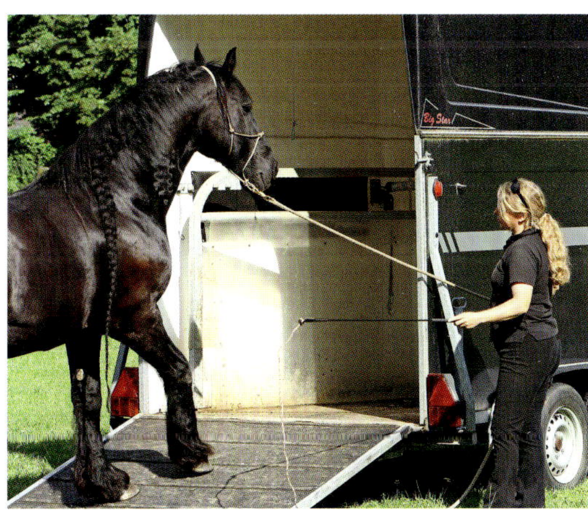

02

Man kann so viele schöne Dinge mit Pferden machen, und jedes Projekt hat seine eigene Checkliste.

GROSSE AUFGABEN

Die kleinen Schritte machen aber nicht nur bei Problemen und beim Desensibilisieren Sinn. Vor allem auch komplexere Aufgabenstellungen sind prädestiniert dafür, da sie aus vielen kleinen einzelnen Komponenten zusammengesetzt sind. Meist beginnt die Liste bei einer von wenigen Grundlagen. Nehmen wir als Beispiel mal ein Schulterherein am Boden. Bevor Sie überhaupt daran denken, nach einer korrekten Körperhaltung zu fragen, müssen Sie und Ihr Pferd schon mindestens folgende Fragen mit einem klaren Ja beantworten: Können Sie Ihr Pferd am Kappzaum mit ein paar Gramm Druck vorwärts und rückwärts fragen? Können Sie ebenso fein den Kopf nach rechts und links oder nach unten und oben bewegen? Können Sie vor Ihrem Pferd rückwärts laufen, und folgt es Ihnen dabei? Können Sie das Gleiche auch von der Seite und im Vorwärts tun? Behält Ihr Pferd die Gangart bei, auch wenn Sie es nicht ständig treiben? Können Sie mit Körpersprache und einer Gerte die Schulter des Pferdes nach links und rechts bewegen? Können Sie das auch mit der Hinterhand? Das sind nur die wichtigsten grundlegenden Einzelteile. Wie Sie vielleicht bemerkt haben, folgen diese Fragen nicht unbedingt einer festen Reihenfolge. Normalerweise bauen die Punkte der Checkliste aufeinander auf, doch manchmal, wie in diesem Fall, können sie auch als gleichwertige Säulen nebeneinander stehen. Man muss später nur wissen, wie man diese Puzzleteile wieder zu einem Ganzen zusammensetzt. Das hört sich frustrierend an. Doch auch hier kann die Checkliste helfen, denn die kleinen Schritte haben das Potenzial jede Aufgabe zu etwas Positivem für Pferd und Mensch zu machen. Keiner wird überfordert und der gesamte Prozess ist gespickt mit kleinen und auch größeren Erfolgserlebnissen. Und somit wird auch jetzt schon der Grundstein für ein motiviertes Miteinander gelegt.

VOM GROBEN ZUM FEINEN

Doch bis jetzt sind wir ja immer noch beim Thema „Den Pferden helfen". Sie können die Checkliste hervorragend bei allen möglichen Sorgen Ihres Pferdes nutzen. Einerseits, indem Sie sich etwa fragen, welches Problem gerade Priorität hat, welche Strategie Sie zuerst wählen, was Sie tun werden, wenn die Unsicherheit nachlässt usw. Zum anderen, indem Sie sich darüber im Klaren sind, dass es auch eine sehr grobe Checkliste gibt, die vorgibt, dass man sich immer zuerst um die Sicherheit von Pferd und Mensch kümmern muss, danach eine Verbindung braucht, bevor man sich an das Thema Kommunikation macht, und dass der Bereich der Motivation natürlich eigentlich sehr wichtig ist, aber nur mit den anderen Bereichen als Grundlage funktionieren wird. Und das unabhängig von der momentanen Verfassung. Auf diesem Fundament kann man es weiter verfeinern.

Sehen wir uns das diesmal am Beispiel Kommunikation an. Jeder echte Pferdemensch wünscht sich eine feine und reibungslose Verständigung mit seinem Pferd, bei der man sich mit Hilfe kleinster Zeichen verständigen kann. Daran sollte man durchaus arbeiten und man kann es auch erreichen. Jedoch nicht von Anfang an. Selbst wenn Sie Sicherheit, Vertrauen und eine Verbindung als Basis haben, müssen Sie bei der Kommunikation wieder bei deren Grundlagen anfangen. Nicht wenige Pferde haben zum Beispiel schon große Probleme damit, zu unterscheiden, wann sie gemeint sind und wann sie nicht gemeint sind. Sie reagieren lediglich auf Energie, ohne auseinanderhalten zu können, ob diese eine Botschaft an sie enthält oder nicht. Ohne diesen wichtigen Unterschied gemeinsam etabliert zu haben, wird es immer irgendwo bei der Verständigung hapern. Er ist also Platz eins auf der Kommunikationscheckliste, und man kann Schritt drei eben nur schwer vor Schritt zwei und eins machen. Diese Tatsache ist den meisten Pferdebesitzern

Schritt für Schritt vom Leichten zum Schwierigen. Können Sie sich vorstellen, wie viele Punkte Jenny und Amy abhaken mussten, bis dieses Travers ohne Kopfstück möglich wurde?

aber einfach nicht bewusst. Sie möchten lieber gleich mit der „richtigen" Kommunikation anfangen. Hätten sie die entsprechende Checkliste oder mindestens eine Art Prioritätenliste im Kopf, würden sie sich sicher öfter mit diesem Unterschied beschäftigen. So greift immer irgendeine Checkliste bei allem, was Sie mit dem Pferd vorhaben. Ob grob oder fein, ob leicht oder schwer, ob lang oder kurz, ob vertikal oder horizontal – alles können Sie in eine Checkliste übersetzen.

WAS GENAU IST DIE CHECKLISTE?

Checklistenpunkt Nummer eins bei allen Hindernissen, von der Pfütze, über die Plane und das Podest bis hin zum Anhänger, lautet immer: „Kannst du dir das anschauen?"

Es handelt sich dabei im Grunde um eine Art Fragenkatalog, in welchem alle kleinen Schritte aufgeführt sind, von da wo ich jetzt bin bis da wo ich hin möchte. Wir empfehlen Ihnen, am Anfang tatsächlich eine schriftliche Checkliste zu erstellen und damit zu arbeiten. Hinter jeder Fragestellung gibt es ein Kästchen für JA und eines für NEIN, das Sie ankreuzen oder abhaken können. Mit der Zeit wird es aber ausreichen die Liste einfach im Kopf zu haben.

Alles, was wir von den Pferden wollen, lässt sich in zwei Sparten unterteilen: Einerseits möchten wir etwas an ihnen tun können, ohne dass sie sich dabei bewegen bzw. auf uns reagieren. In diese Kategorie fällt z. B. das Putzen, Satteln, Aufsteigen, Behandlungen von Hufschmied oder Tierarzt etc. Zum anderen hätten wir gerne, dass die Pferde auf unsere Fragen reagieren, dass sie etwas tun und sich für uns bewegen – vorwärts, rückwärts, links und rechts im Schritt, Trab oder Galopp usw.

Im ersten Fall sind die Fragen auf der Liste eine Variation von: „Darf ich …?", also zum Beispiel „Darf ich dich mit irgendetwas berühren?", „Ist es okay, wenn ich dich unter dem Bauch putze?", „Kann ich mich neben dir auf die Aufsteigehilfe stellen?" Im zweiten Fall stehen auf der Liste verschiedene Varianten der Frage: „Könntest du …?", „Könntest du angaloppieren?", „Würdest du nach links auf den Zirkel gehen?" oder „Wie wäre es, wenn wir nach rechts abbiegen?"

Wir geben den Pferden immer die Möglichkeit mit Nein oder mit Ja zu antworten. Sie tun es ja ohnehin, auch bei Menschen, die es ihnen nicht erlauben. So wissen wir immerhin woran wir sind. Ein Nein kann sich auf ganz unterschiedliche Weise äußern. In diesem Buch würden wir das Nein in unsere verschiedenen Ausprägungen der Persönlichkeiten übersetzen. Wenn ein Pferd unsicher wird, sagt es Nein, aber auch wenn es so sicher wird, dass es nur noch seinen eigenen Ideen nachgeht. Wenn es in sich verschwindet, heißt das auch Nein, ebenso wie wenn es zu extrovertiert wird und sich nicht mehr konzentrieren kann. Also es kann dann zum Beispiel sein, dass ein Pferd Nein sagt, indem es stehen bleibt und ein anderes, indem es schneller wird. Manchmal wird ein Pferd inaktiver um Nein zu sagen, ein anderes Mal wird es aufgedreht. Das hängt von der jeweiligen Aufgabe ab, von der Tagesverfassung, den Rahmenbedingungen und von der Persönlichkeit des Pferdes.

Auch wenn Sie noch längst nicht am Ziel sind, sollten Sie ein Nein des Pferdes nicht übergehen.

BEISPIEL AMY

Wie eine Checkliste in einem konkreten Fall aussehen kann, möchten wir Ihnen anhand eines ganz besonderen Videos zeigen. Auf diesem Video sehen Sie, wie Peer das erste Mal auf Amy aufsteigt. Da wir natürlich den Pferden unsere Fragen normalerweise nicht verbal stellen, haben wir das Video für Sie quasi synchronisiert. Peer formuliert dabei seine Fragen an Amy, und Jenny übersetzt Amys Antworten in die Menschensprache. Da Amy schon gut vorbereitet war, sagt sie nicht besonders häufig „Nein!“ Trotzdem lässt sich die Funktion und der Ablauf der Checkliste sehr gut erkennen.

In diesem Video sehen Sie ein Beispiel für die Arbeit mit der Checkliste.

WIE FUNKTIONIERT DIE CHECKLISTE?

Die Checkliste hilft Ihnen bei der Übersetzung der Aussagen Ihres Pferdes. Sie erleichtert Ihnen die Entscheidung, wann Sie besser abwarten und wann Sie die Aufgabe fortsetzen können. Sie bestimmt das Tempo und zeigt Grenzen klar und deutlich auf.

Kommen Sie an ein Nein in Ihrer Liste, gelten folgende drei Regeln: 1. Gehen Sie nicht über diesen Punkt hinweg. 2. Hören Sie auch nicht auf, sondern: 3. bleiben Sie an dem Checklistenpunkt, an dem Sie gerade sind, dran, und warten Sie auf eine positive Veränderung. Erst danach machen Sie den Rückzug, hören also auf zu fragen.

Ihr Pferd lernt dabei, dass ein Nein nicht einfach ignoriert und übergangen wird. Gleichzeitig lernt es aber auch, dass Sie nicht bei jedem kleinen Widerstand aufgeben. Und drittens findet es heraus, wie es mit seinem eigenen Verhalten, Ihre Fragen und Ihren Rückzug konstruktiv beeinflussen kann. Es hat sogar Einfluss auf Gegenstände. Denken Sie an die Sprühflasche aus unserem Beispiel für das Desensibilisieren. Das Pferd konnte bestimmen, wann Sie aufhören zu sprühen. Das macht Ihr Pferd sicherer, offener, konzentrierter und aufmerksamer (also fördert die positiven Aspekte der Persönlichkeiten) und führt so dazu, dass es bereitwilliger mitmacht. Somit befinden wir uns jetzt genau an der Schnittstelle zwischen Pferden helfen und Pferde motivieren.

Noch ein kleiner Tipp: Fangen Sie möglichst vorne in der Liste an,

Jedes kleine Nein, dass Sie in ein kleines Ja verwandeln können, bringt Sie einen Schritt weiter …

auch wenn Sie eigentlich schon weiter sind. Man tendiert mit der Zeit dazu, erst bei den Neins anzusetzen. Doch erstens ist es motivierender, sich zuerst noch einmal der grundlegenden Jas zu versichern, und zweitens ist es wichtig zu wissen, ob diese Jas auch heute gelten, oder ob sich unbemerkt ein paar Neins eingeschlichen haben. Wenn Sie das verinnerlicht haben, stellen Sie die Fragen ohnehin nicht mehr ausführlich, sondern bekommen ein instinktives Gefühl für Jas und Neins des Pferdes, und zwar von der ersten bis zur letzten Sekunde, die Sie mit ihm verbringen.

Die Checkliste ist ein wertvolles Hilfsmittel, um Ihr Pferd besser zu verstehen und um ihm bei der Lösung von Problemen aktiv zur Seite zu stehen. Außerdem erleichtert sie Ihnen das wertfreie Beobachten, denn Sie erkennen viel besser den Grund für die „Verweigerung" Ihres Pferdes und müssen das Verhalten nicht mehr persönlich nehmen. Dies wirkt beziehungsstärkend, weil Sie Ihr Pferd weniger kritisieren oder unter Druck setzen.

Sie werden noch besser erkennen, dass es völlig unwichtig ist, wie sich Ihr Pferd gestern gefühlt oder verhalten hat. Entscheidend ist immer nur, was jetzt gerade ist. Auch werden Sie kleinere Neins immer früher erkennen. Hierdurch erlangen Sie viel mehr Sicherheit, und Ihr Pferd fühlt sich nicht mehr dazu gezwungen, sein „Nein!" etwas deutlicher auszusprechen, um sich Gehör zu verschaffen.

... auf Ihrer aktuellen Checkliste – Ihren großen Träumen entgegen.

PFERDE MOTIVIEREN

— *und weiter fördern*

WIE GEHT ES WEITER?

Pferde zu beobachten und zu entspannen, sollte sich ab sofort für Sie von selbst verstehen und einen unwiderruflichen Bestandteil Ihrer Pferd-Mensch-Beziehung ausmachen. Sie werden merken, wie Ihnen plötzlich immer mehr Details, die Sie vorher nie bemerkt haben, auffallen und sogar eine enorme Bedeutung bekommen. Doch das ist nur der Anfang. Nun stellt sich die Frage: Wie können Sie auf dieses neue Wissen aufbauen? Wie können Sie Ihr Pferd auch über das bloße Helfen hinaus weiter fördern, und es zu einem motivierten Partner machen? Förderung beinhaltet, dass wir das vorhandene Potenzial nicht verändern, sondern nutzen. Zum Beispiel, um die Zufriedenheit des Pferdes und seinen Spaß am Mitarbeiten zu steigern. Wie das geht, werden wir Ihnen nun verraten.

MOTIVATION

Für uns ist Motivation der wahre Schlüssel zum Erfolg. Ein motiviertes Pferd arbeitet mit uns, ein unmotiviertes Pferd arbeitet gegen uns. Das Motivierte hört zu und betrachtet unsere Fragen mit Wohlwollen. Das Demotivierte dagegen wird viel Energie aufwenden, um uns seine

Wenn das Helfen, Fördern und Motivieren ineinander greift, kann man „hohe" Ziele auf einer soliden Basis erreichen.

Ein Pferd, das gerne bei uns bleibt und an gemeinsamen Unternehmungen interessiert ist, ist schon motiviert. Es muss nicht immer Übermut und viel Energie im Spiel sein.

Kooperation zu verweigern. Schlimmer noch, es wird immer nach der kleinen Hintertür suchen, aus der es fliehen kann. Sollte ihm dieser Weg verwehrt sein, wird es Mittel und Wege finden, sich gegen uns zur Wehr zu setzen. Das ist für beide Seiten nervenaufreibend, deprimierend, anstrengend und nicht selten gefährlich. Unser Anspruch beim Motivieren lautet daher eben auch, das Pferd beim Ja-sagen, -denken und –fühlen zu unterstützen. Pferden zu helfen war dafür die Basis, Motivation wird jetzt der nötige Feinschliff für alle besonderen Erlebnisse und Ergebnisse sein.

Das Resultat ist ein Pferd, das Lust darauf hat mit uns zusammen zu sein, und das sich Mühe gibt, Herausforderungen zu meistern. Eines, das nach Lösungen sucht, statt nach Auswegen.

Ein motiviertes Pferd muss demnach nicht zwangsläufig ein energiegeladenes, begeistertes Pferd sein, oder anders formuliert: Ein „Ja" muss nicht unbedingt in ein „Yippee-Yeah!!" verwandelt werden. Falls Sie das aus einem Pferd herauskitzeln können, dann freuen Sie sich, aber verlangen sollten Sie es nicht. Wenn es bereit ist, seine momentane Energie nach seinen Möglichkeiten in die Zusammenarbeit mit Ihnen zu investieren, ist das schon ein großer Motivationsbeweis.

Mit diesem Fahrplan im Kopf werden Sie bald merken, dass mit einem motivierten Pferd alles leicht, fließend und harmonisch ist. Von Abwehr und Frustration ist meist keine Spur mehr zu finden, weder am Boden noch beim Reiten.

HELFEN SIE NOCH ODER MOTIVIEREN SIE SCHON?

Motivation ist ja, wie Sie wissen, nur die Spitze der Pyramide, eine Eigenschaft, die einen breiten, hohen und festen Unterbau braucht. Die Arbeit mit einem motivierten Pferd macht unglaublich viel Spaß. Darüber vergisst man oft, dass sich der Zustand des Pferdes immer wieder ändern kann. Man selbst lässt sich mitreißen von dem Hochgefühl, dass jetzt endlich alles funktioniert und übersieht schnell, dass das Pferd vielleicht schon wieder ein (ganz anderes) Problem hat. Oder man macht eine Übung ein paar Mal zu oft, obwohl das Pferd schon längst den Spaß daran verloren hat. Bevor man es überhaupt realisiert, sitzt man auf einem Fluchttier oder hat einen Gegner, wo eben noch ein Partner war. Bleiben Sie daher unbedingt auch weiterhin aufmerksam darauf, wann Sie Ihrem Pferd wieder helfen müssen und wann Sie sich um die Motivation kümmern dürfen.

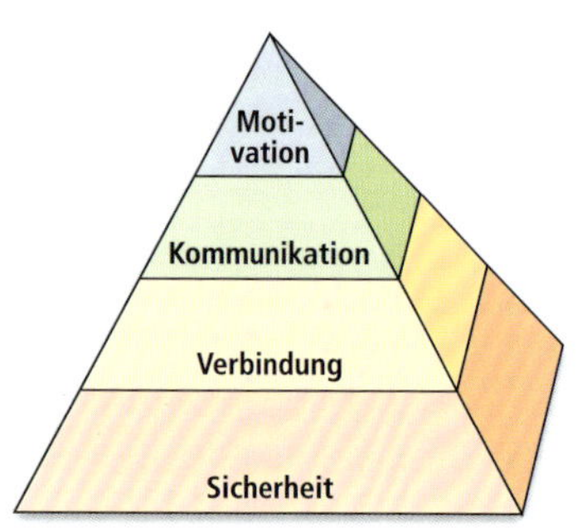

Motivation ist immer nur die Spitze der Pyramide.

MOTIVIERTE MENSCHEN

Als kleine Motivationshilfe – nicht für Pferde, sondern erst einmal nur für Sie – möchten wir Ihnen einen weiteren kleinen Film präsentieren (S. 155). In diesem Videoclip haben wir ein paar Ausschnitte davon zusammengetragen, was wir gerne mit unseren Pferden machen bzw. wie für uns motivierte Pferde aussehen. Wir möchten Ihnen anhand dieser beispielhaften Szenen zeigen, dass mit Pferden oftmals viel mehr möglich ist, als Sie es sich vielleicht vorstellen können. Es soll Sie ermutigen, sich zu überlegen: „Was möchte ich eigentlich mit meinem Pferd zusammen erreichen? Was wäre mit meinem Pferd alles möglich? Wie sehen meine wahren Ziele und Wünsche aus?" Es könnte nämlich sein, dass sich nach der Lektüre unseres Buches auf einmal Pforten und Wege öffnen, von denen Sie bisher nicht zu träumen gewagt haben.

01

02

Sie müssen freilich nicht genau das, was wir in dem Video zeigen, nachmachen. Es soll Ihnen als Inspiration dienen. Wenn Ihre persönlichen Ambitionen in eine ganz andere Richtung gehen, dann schauen Sie sich in dieser Sparte nach inspirierenden und motivierenden Videos um. Ruhig auch auf einem Level, das weit über Ihrem derzeitigen Können liegt. Denken Sie groß! Für uns waren Videos immer ein ganz wesentlicher Bestandteil unseres Lernprozesses und ein großer Motivator. Sie haben uns neue und hohe Ziele gegeben und Bilder in unseren Köpfen eingebrannt, die uns nicht mehr losgelassen haben. Vielleicht können Sie ein paar Anregungen finden und es juckt Ihnen bereits in den Fingern neue Ideen selbst mit Ihrem Pferd auszuprobieren! Aber etwas Geduld sollten Sie noch haben, denn zum Thema Motivation haben wir noch einige interessante Gedankenanstöße für Sie.

005 In diesem Video finden Sie eine kleine Motivationshilfe.

WAS IST MOTIVATION EIGENTLICH?

Wie viele andere Worte, die in aller Munde sind, birgt auch das Thema Motivation eine Gefahr für Missverständnisse. Verschiedene Menschen haben verschiedene Sichtweisen auf den Begriff. Jeder versteht und verbindet ein bisschen etwas anderes damit, und alle haben (oft sehr gute) Gründe für ihre Interpretation. Das ist ganz normal und sogar wichtig, wären da nicht die besagten Unstimmigkeiten.
Um ein bisschen Klarheit zu bekommen und sich selbst in eine neutrale Position zu begeben, macht es daher Sinn, sich die ursprüngliche Bedeutung solcher Ausdrücke anzuschauen. Schließlich stammen ja die meisten heutigen Variationen davon ab, scheinen sie auch noch so widersprüchlich zu sein. Wie bei vielen anderen Begriffen ebenfalls, ist der Ursprung des Wortes Motivation im Lateinischen zu suchen. Es stammt von „movere" ab, zu Deutsch „bewegen". Ist das nicht

03

01 – 03 Doch wenn man weiß, wann es möglich ist, tut Übermut auch beiden gut!

Fluchttiere in Wallung zu versetzen ist in der Regel nicht schwer, ...

interessant? Bewegen! Worum geht es in der Reiterwelt, wenn nicht um Bewegung? Es ist das Top Thema. Pferde müssen schließlich täglich bewegt werden. Sie müssen sich darüber hinaus auf bestimmte Art und Weise bewegen oder das richtige Bein in eine genau definierte Position bewegen. Die Hinterhand des Pferdes wird sogar oft als der Motor bezeichnet, ein Wort, das den gleichen Ursprung, wie die Motivation hat. Doch damit nicht genug: Wer sich für Natural Horsemanship interessiert, stolpert früher oder später über das Thema: „Wer bewegt wen?“ Das ist eine grundlegende Frage, durch die teilweise die Herdenhierarchie festgelegt, und die umgekehrt, durch diese Rangordnung beantwortet wird. Kurz gesagt geht es darum, wer wem ausweicht. Wir sehen die Rangordnung zwar nicht als das zentrale Thema an, wenn es um Beziehungen zwischen Pferden und Menschen geht. Ignorieren

Wer bewegt hier wen?

… doch ist das wirklich die Art von Bewegung, die wir uns von den Pferden wünschen?

und verleugnen kann man sie allerdings auf keinen Fall. Und dabei kann die Frage: „Wer bewegt wen?“ nun mal enorm wichtig sein. Insbesondere bei unserer Privatzone geht es uns schließlich genau darum: Schafft es der Mensch seinen Standpunkt zu vertreten, oder lässt er sich vom Pferd durch die Gegend manövrieren?

PFERDE BEWEGEN

Doch bleiben wir beim Zusammenhang zwischen Motivation und Bewegung. Für Menschen ist es in den meisten Fällen sehr einfach, Pferde zu bewegen. Was könnte leichter sein, ein ständig auf Gefahren lauerndes Beutetier zum Rennen zu bringen. Man muss nur genug Druck machen, dann läuft es garantiert. Aber das ist selbstverständlich nicht unser Ziel, denn ein Pferd, das sich nur aus Angst vor uns bewegt, wird niemals motiviert mit uns zusammenarbeiten können, geschweige denn unser vertrauensseliger und treuer Partner sein. Wie bewege ich mein Pferd denn dann richtig? Zum Glück erinnert sich Peer aus seinem Studium an noch eine weitere wichtige Bedeutung der Vokabel „movere“. Die lautet nämlich auch: „innerlich bewegen, veranlassen“. Und es ist gerade dieses innerliche Bewegen und Veranlassen, was wir unter Motivation verstehen. Wir möchten Pferde nicht einfach durch Druck bewegen, sondern sie auf eine Art und Weise ansprechen, die sie veranlasst von sich aus und am besten noch gerne für uns und mit uns etwas zu tun. Druck lässt sich keinesfalls vermeiden – selbst in gewisser Hinsicht bei der reinen positiven Verstärkung nicht – entscheidend ist aber, wie man ihn anwendet, was danach geschieht und dass man bestrebt ist, ihn zu minimieren. Doch wie stellen wir das an? Für alles, bei dem wir das Gefühl haben, es freiwillig zu tun, gibt es ein Motiv (auch das leitet sich von movere ab!). Und bei Pferden ist es nicht anders. Um bereitwillig mit uns zu kooperieren, brauchen auch sie einen triftigen Grund.

EINEN BEWEGGRUND GEBEN

Hier liegt der entscheidende Unterschied zwischen dem normalen Bewegen und dem innerlichen Bewegen. Bei einem wirklich motivierten Pferd läuft Bewegung demnach nicht nur auf körperlicher Ebene ab, sondern funktioniert auch, oder sogar vor allem, im mentalen und emotionalen Bereich. Aber was ist eigentlich ein Beweggrund und wie finden wir den richtigen? Dazu machen wir eine kurze Exkursion in die Gedankenwelt der Pferde.

Wie oft wüssten wir gerne, was in den Köpfen unserer Pferde wohl so vor sich gehen mag. Was denken sie, wenn sie uns sehen oder bestimmte Aufgaben für uns erfüllen? Auch als Pferdeversteher ist das schwer herauszufinden. Doch bei einem Gedanken sind wir uns ausnahmsweise sicher. Den möchten wir an dieser Stelle gerne verbildlichen, denn es ist DER Kerngedanke der Motivation überhaupt. Stellen Sie sich dazu vor, dass über allen Pferdeköpfen eine große Gedankenblase schwebt, in der in fetten Buchstaben geschrieben steht: „Was hab' ich davon?“

WAS HAB' ICH DAVON …?

… wenn ich meine wertvolle Kraft für dich einsetze, wenn ich mit dir von meinen Kumpels weggehe, wenn ich für dich aufhöre mein leckeres Gras zu fressen, wenn ich mit dir auf einen Kurs oder ein Turnier fahre und dafür in den unheimlichen Pferdeanhänger steige? Sicher fällt es Ihnen nicht schwer, eine lange Liste mit den speziellen Fragen Ihres eigenen Pferdes zu füllen.

Wenn man diese Frage einmal kennt, dann hört man sie immer und überall! Und das ist gut so, denn sie ist einer der wichtigsten Ansatzpunkte für ehrliche und wohlgemeinte Motivation. In dem Maße, in dem Sie es schaffen, Ihrem Pferd immer neue zufriedenstellende Antworten darauf zu liefern, in dem Maße wird es auch motivierter mitarbeiten.

Aber was heißt das nun konkret? Wie kann die Beantwortung dieser Frage im Alltag aussehen? Grundsätzlich unterscheiden wir ganz grob betrachtet zwei Arten von Beweggründen. Und zwar sind das die kurzfristigen und die langfristigen Gründe.

KURZFRISTIGE BEWEGGRÜNDE

In diese Kategorie fällt alles, was Sie Ihrem Pferd sofort und unmittelbar anbieten können. Was das im Einzelfall ist, finden Sie durch genaues Beobachten heraus, was Ihnen ja jetzt schon zur zweiten Natur geworden sein müsste. Achten Sie darauf, was Ihr Pferd jetzt gerade am allerliebsten hätte und wofür es sich wahrscheinlich am allermeisten Mühe geben wird. Denn, wenn Sie ihm diesen Wunsch erfüllen, wird es auch aus tiefstem Herzen heraus handeln.

Viele wirkungsvolle Belohnungen haben Sie immer bei sich. Zum Beispiel das ausgiebige Kratzen. Und das tut guuuut!

Die Pause: Der einfachste und auch häufigste Motivator ist es, im richtigen Moment aufzuhören. Die Macht des perfekten Timings beim Aufhören kennen Sie bestimmt nicht erst aus diesem Buch. Man kann damit alles bestärken, ob man will oder nicht. Auch den Wert der Ruhe und Stille im aufreibenden Pferdealltag haben wir schon mehrfach erwähnt. Der große Pluspunkt dieses Beweggrundes ist, dass er Ihnen immer und überall in unbegrenztem Maße zur Verfügung steht.

Kratzen: Die bloße Pause ist bei Weitem nicht die einzige Belohnung, die Sie Ihrem Pferd kurzfristig anbieten können. Einige Pferde lieben es z. B. gekratzt zu werden. Sie sagen das sehr deutlich und sind sehr geschickt darin, sich selbst oder auch ihren Zweibeiner in die kratzfreundlichste Position zu bewegen. Einige Experten heben ihre Beine, um den Menschen zum Kratzen an der Beininnenseite zu motivieren. Andere bewegen sich mit ihrem Popo auf den manchmal verwunderten, manchmal erschrockenen Menschen zu, um für die juckende Schweifrübe Erleichterung zu finden.

Die ganz Gewieften zeigen einem auch, wo es am dollsten juckt!

Ein Paradebeispiel für den Zusammenhang zwischen juckendem Fell und Motivation liefert die folgende Geschichte des Quarter Horse Wallachs Geronimo. Peer war bei dessen Besitzerin zum Unterricht. Allerdings arbeiteten sie gerade mit einem anderen Pferd. In einer Pause zwischen zwei Übungen stand Geronimo zufällig neben Peer und so kratzte er ihn ganz nebenbei ein paar Sekunden lang am Widerrist, ohne sich dabei etwas zu denken. Danach ging er wieder zu seiner Schülerin und ihrem anderen Pferd, um ihnen die nächste Aufgabe zu erklären. Doch als er sich dort umdrehte, stand Geronimo schon wieder direkt hinter ihm und gab ihm zu verstehen, dass er doch bitte weiter gekratzt werden möchte. „Na gut, aber nur noch einmal …", danach sollte es wieder an die Arbeit gehen. Doch Geronimo wollte so unbedingt gekratzt werden, dass daran nicht zu denken war. Peer erkannte das Potenzial der Situation und disponierte um. Es folgte ein kleines Experiment, bei dem er das Pferd kurz kratzte und sich dann jedes Mal ein bisschen schneller und weiter aus dem Staub machte. Es dauerte nur wenige Wiederholungen, dann konnte Peer nach dem Kratzen wegrennen, woraufhin Geronimo ihm mit viel Energie hinterher galoppierte – und das die letzten paar Meter sogar seitwärts, nur um möglichst schnell in der perfekten Position zu stehen, um weiter gekratzt zu werden. Was die Geschichte noch bemerkenswerter macht ist, dass Geronimo als das faulste Pferd des ganzen Stalls galt und sich, wenn überhaupt, nur mit sehr viel Mühe angaloppieren oder auch nur traben ließ.
So schnell und effektiv kann eine Kleinigkeit wirken, man muss nur die Richtige finden. Auch die Kratzbelohnung haben Sie glücklicherweise immer bei sich und sie kostet Sie nichts. Zudem ist Fellpflege eine natürliche Tätigkeit zwischen Pferden. Außer im Spiel ist es fast der einzige Körperkontakt, der positiv belegt ist. Deswegen ist das Kratzen als eine angenehme direkte Kontaktaufnahme ein wirksames Bindemittel in der Herde.

Es darf allerdings nicht unerwähnt bleiben, dass Sie auch in der Lage sein sollten Ihrem Pferd deutlich zu machen, dass es nicht pausenlos gekratzt werden kann. Sie sollten das Kratzen problemlos beenden oder ablehnen können. Sonst geht es Ihnen wie Peer mit Geronimo. Was wir bei dieser Geschichte nämlich oft weglassen, ist der Schluss: Am Ende kam Geronimo immer schneller und mit immer mehr Wucht zu Peer gerannt, sodass dieser sich schließlich mit einem beherzten Sprung durch den E-Zaun retten musste. Im Notfall brauchen Sie daher eine gute Privatzone.

Leckerchen: Eine weitere Möglichkeit, die oftmals sehr kontrovers diskutiert wird, ist das Geben von Leckerlis. Hier taucht das Problem des kopflosen und energischen Einfordens seitens des Pferdes noch häufiger auf. Viele Menschen schwören auf Leckerlis als Motivator.

Leckerlis können gut motivieren, aber auch zum Einfordern verleiten. Man sollte schon wissen, wie es geht!

Vor allem beim positiven Bestärken werden sie gerne und erfolgreich genutzt. Jedoch muss jeder für sich entscheiden, ob er seinem Pferd den Unterschied zwischen Leckerlis verdienen und Leckerlis verlangen konsequent genug beibringen kann. Außerdem kann es schnell passieren, dass man zusammen mit dem gewünschten Ergebnis auch die aufgeregte Erwartungshaltung wegen der Belohnung mit verstärkt. Manche Pferde sind für schmackhafte Belohnungen sehr gut geeignet, bei anderen kann das ein schwieriges Unterfangen sein. Bei unseren Pferden ist das nicht anders. Unser Micky z. B. schaltet seinen Kopf sofort komplett aus, wenn er Leckerlis auch nur erahnt. Er kann dann wirklich nicht mehr denken. In seinem Kopf geistert nur noch ein einziges Wort herum, das sich in einer Dauerschleife wiederholt: „Leckerli, Leckerli, Leckerli." Amy kann man hingegen meist ganz gut mit Leckerchen motivieren, wobei Jenny dann aber leider immer merkt, wie schnell sie selbst in eine Art Abhängigkeit gerät.
Sie hat das Gefühl, dass sie ohne Leckerlis nichts mehr machen kann und hat sogar ein schlechtes Gewissen, wenn Amy mal nichts bekommt. Meistens lässt sie die Leckerlis dann wieder für einen längeren Zeitraum komplett weg, was zu einer viel entspannteren Situation zwischen den beiden führt. Es ist daher nötig, bei jedem Pferde-Mensch-Team einen für beide Seiten sinnvollen Kompromiss oder klare Regeln zu definieren, wenn man auf diese Art der Motivation nicht verzichten will. Von vorne herein verwerfen sollte man diese Methode auf keinen Fall, denn gerade den Energiesparern liefert sie einen sehr guten Grund aktiver zu werden.
Es gibt ja auch noch Zwischenlösungen. Besonderes bei neuen Lektionen oder wenn wir am Hänger arbeiten, lassen wir das Pferd gerne in den Pausen Gras fressen. So kann es nachdenken und findet im Gras eine schöne Belohnung. Außerdem bestärken wir damit keinen unsicheren, angespannten Zustand (z. B. im Anhänger). Ein sehr positiver Nebeneffekt ist, dass das Pferd kauen und somit seinen Kiefer entspannen kann, was die restliche Anspannung im Körper und im Geist reduziert. Wie Sie auf vielen unserer Fotos und Videos sehen können, arbeiten und spielen wir ganz häufig auf unseren Wiesen mit den Pferden. Der große Vorteil daran ist, dass wir auch hier die Belohnung immer unmittelbar geben können, ohne dabei die Leckerchen am Mann zu haben. Es gibt also auch keinen Taschendiebstahl. Wenn Sie keine Wiese zum Üben haben oder auf dem Platz oder in der Halle arbeiten möchten, haben wir bei den praktischen Übungen auf S. 189 noch einen Tipp für Sie.

Eine Leckerli-Alternative mit einigen Vorteilen: die Graspause.

Loben: Das Lob ist selbstverständlich auch ein toller Motivationshelfer. Verschenken Sie es mit freundlichen und ehrlich gemeinten Worten und streicheln Sie das Pferd ausgiebig, wenn es etwas gut gemacht hat. Diese unmittelbare Anerkennung und Bestätigung motiviert jedes Pferd, sich mehr Mühe zu geben. Achten Sie darauf, welche Art von Lob

Ein Lob, das von Herzen kommt verfehlt nie seine Wirkung.

Ihr Pferd besonders mag und geizen Sie nicht damit. Wir würden uns freuen, wenn wir in den Reitställen in Zukunft seltener rufen hören würden: „Nein!“, „Hör auf!“, „Lass das sein!“ oder Schlimmeres. Viel lieber würden wir mehr positives Feedback den Pferden gegenüber mitbekommen. „Oh danke, du hast das so gut gemacht! Du bist ein super Pferd! Mein Pferd ist einfach das Beste!“ Das tut Pferd, Mensch und Trainer gut!

Weitere Beispiele:

— das Pferd an den hochinteressanten Pferdeäppeln riechen lassen, wenn es das möchte;
— das Pferd wälzen lassen;
— das Pferd mit seinen Freunden spielen lassen;
— absteigen und mit dem Reiten aufhören, auch wenn es nur zehn Minuten gedauert hat, das Pferd aber einen wichtigen Lernschritt erreicht hat;

Denken Sie nur immer daran: Das Pferd mit etwas zu belohnen, was es gerade nicht braucht oder nicht möchte, hat wenig Sinn.

Für Harmonie und Einklang muss jeder Einzelne seinen Teil der Verantwortung übernehmen.

LANGFRISTIGE BEWEGGRÜNDE

Viel wichtiger allerdings als die relativ simplen, kurzfristigen Beweggründe sind für uns die langfristigen. Dabei handelt es sich um tiefer greifende Argumente, die Sie Ihrem Pferd als Antwort auf die Frage: „Was hab' ich davon?" bieten können. Sie sind die eigentliche Voraussetzung für eine nachhaltige Beziehung auf Augenhöhe.

Sicherheit: Auch beim Motivieren steht die Sicherheit des Pferdes an erster Stelle. Denken Sie bitte an die ersten Kapitel unseres Buches zurück, dann wird Ihnen schnell klar, warum das so ist. Das Pferd braucht Sicherheit, um sich wirklich entspannen zu können und das schafft es selten allein, zumindest nicht in unserer Welt. Wahre Sicherheit ist das schlagkräftigste Argument für ein Fluchttier, wenn es sich fragt, was es denn von uns als Menschen hat. Besonders, wenn es sich nicht in (s)einer Herde oder in einer sicheren Umgebung befindet.

Verantwortung übertragen: Pferden Verantwortung zu übertragen ist vielen Reitern ein Graus. Immerhin impliziert es nicht nur den möglichen Kontrollverlust, nein, es gibt dem Pferd auch Mitspracherechte, die es in die Lage versetzt, einige Regeln der Reiterwelt in Frage zu stellen. Wem die bereitwillige Zusammenarbeit am Herzen liegt, der sollte jedoch unbedingt Verantwortung an sein Pferd delegieren. So lernen Pferde bei uns beispielsweise, selbstständig die Gangart oder die Richtung beizubehalten und zwar sowohl am Boden, als auch beim Reiten. Wenn wir mit mehreren Pferden gleichzeitig arbeiten, kommt für uns persönlich zusätzlich zum Tragen, dass alle Pferde eigenständig ihre Position beibehalten, dass sie Abstände untereinander wahren, auf ihren Weg achten und trotzdem die Verbindung zu uns nicht verlieren sollen.

Mitgestaltung: Ihr Mitspracherecht, das sie ja ohnehin schon haben sollten, können die Pferde dadurch sogar noch weiter ausbauen. Und durch den Mix bzw. den engen Zusammenhang zwischen Verantwortung und Mitbestimmung, missbrauchen sie diese Freiheit nicht dazu, sich zu entziehen, sondern bringen sich noch mehr in gemeinsame Unternehmungen ein. Das ist eigentlich auch logisch, denn: Nur wer mitmachen darf, der wird das auch tun.

Wertschätzung: Was bei vielen Menschen im Pferdealltag leider nur allzu oft untergeht ist, dass man die Leistung seines Pferdes zu schätzen weiß. Nichts, was unsere Pferde für uns tun, ist selbstverständlich. Auch das trügerische Gefühl, man tut ja schon so viel für sein Pferd, da kann es gefälligst auch mal was für uns tun, ändert daran nichts. Pferde können ohnehin wenig mit solchen Vergleichen oder dem Bewerten und Gegenrechnen von Leistungen anfangen.
Für alles, was sie nicht für uns tun, brauchen sie Verständnis. Für alles, was sie für uns tun, verdienen sie Bestätigung und ehrlich gemeinte Wertschätzung. Fühlt Ihr Pferd diese bei Ihnen, wird es aufblühen und sich immer mehr Mühe für Sie und Ihre Anliegen geben. Sie müssen diese Wertschätzung und Bestätigung gar nicht unbedingt verbal äußern. Schon allein der positive Gedanke, Freude und Dankbarkeit werden bei Ihrem Pferd ankommen. Aber natürlich finden auch gut gemeinte und ehrliche Worte ihr Ziel. Grundsätzlich handelt es sich einfach um eine andere Einstellung Ihrem Pferd gegenüber. Es ist damit noch

Danke! Nichts, was wir von den Pferden geschenkt bekommen, ist selbstverständlich.

sehr viel mehr, als der kurzfristige Beweggrund des einfachen Lobes. Kommen all diese Beweggründe zusammen, fühlen sich Pferde mit uns wohler. Es geht ihnen nach den Aufgaben, ja sogar nach der Arbeit, besser als vorher. Und sie ändern ihre Einstellung. Sie überlegen nicht mehr, wie sie sich am besten vor etwas drücken können, sondern was sie uns anbieten können. Und was, wenn nicht das, ist Motivation?

EIN BEISPIEL

Am besten lässt sich die Wirkungsweise dieser Beweggründe wieder einmal an einer Geschichte verdeutlichen. Protagonist ist dieses Mal Peers alte Reitbeteiligung Bolero, das Pferd, das ihm alles beigebracht hat. In dieser Erzählung steht die Tatsache im Vordergrund, dass es Pferden umso leichter fällt mitzumachen, je mehr man ihnen auch die Gelegenheit dazu gibt. Mitbestimmung und Eigeninitiative sowie Respekt für die Ideen der Pferde führten eben nicht zu Revolte und Ungehorsam. Vielmehr zu eigenverantwortlicher Mitarbeit und einem kreativen Dialog.

Doch zurück zu Bolle, wie Boleros Spitz- und Rufname lautet. Es fing damit an, dass Peer das Projekt hatte ihn auf Kommando hinzulegen. Das alleine wäre schon eine eigene Geschichte wert, es sei hier aber aus Platzmangel nur erwähnt, dass ein paar heiße Tage, eine Stelle mit extratiefem Sand auf dem Reitplatz, an der es sich prima wälzen ließ, und einige Gießkannen mit Wasser eine entscheidende Rolle dabei gespielt haben. Am Ende war das Ablegen geschafft, aber noch nicht etabliert. Um das zu erreichen, hat Peer in den nächsten Tagen viele Leckerchen benutzt, aber auch immer das Hinlegen als Feierabendlektion aufgespart. Nach dem Hinlegen war also die Arbeit definitiv zu Ende – großes Horseman-Ehrenwort! Wie so oft, wenn man eine vorher unlösbare Aufgabe bewältigt hat, stellte sich bald die Frage: Was mache ich jetzt als Nächstes damit? Der Plan war, dass Peer den Bolle auch von oben aus nach dem Hinlegen fragen konnte. Doch der hatte keine Ahnung, was Peer wohl meinen könnte, wenn er von seinem Rücken aus versuchte, die richtige Frage zu finden.

Peer und Bolle – ein Dreamteam, das über zehn Jahre lang sehr viel voneinander gelernt hat. Ohne Bolle wäre Peer sicher nie der Horseman geworden, der er heute ist. Danke Bolle!

Ein paar Tage später wollte Peer auf dem schon erwähnten Reitplatz etwas anderes beim Reiten üben. Doch schon nach einer Minute merkte er, dass der Bolle abgelenkt und unmotiviert war. Dauernd zog es ihn zu einem bestimmten Ort auf dem Platz. Es war nicht wie sonst der Ausgang, er wollte woanders hin. Eigentlich stand ja Peers Trainingsplan schon fest, aber trotzdem ließ er den Bolle nach der dritten Runde einfach mal gewähren und dahin gehen, wo es ihn hinzog. Er marschierte schnurstracks zu der Stelle mit dem tiefen Sand, drehte sich zweimal im Kreis und – legte sich hin! Peer machte direkt Feierabend und freute sich so darüber, dass er den Bolle nur so mit Lob überschüttete. In den nächsten Tagen wiederholte sich das Schauspiel, wobei Peer ab jetzt immer ein Zeichen zum Hinlegen mit einbaute und sich außerdem die Taschen mit Leckerchen vollstopfte, von denen er auch

Nicht nur eine Motivationsfrage: das Hinlegen klappt am besten in einer Atmosphäre von Vertrautheit und Wertschätzung. Lex macht das zwar nicht so gerne wie der Bolle, aber manchmal ist er doch entspannt genug.

fleißig Gebrauch machte. Erst als der Bolle anfing schon mit den Vorderbeinen einzuknicken, bevor Peer ganz oben saß, kümmerte der sich wieder darum, dass der Bolle sich nicht IMMER hinlegt, wenn jemand reiten möchte. Noch Jahre später konnte er ihn auch an ungewöhnlichen Orten ablegen. Ohne sein Mitbestimmungsrecht hätte der Bolle Peer nie zeigen können, wie das mit dem Hinlegen vom Pferderücken aus geht. Die Superpause (Feierabend), die Freude, das Lob, das immer wieder Gewähren-lassen, die Wertschätzung für Bolles Ideen und schließlich die leckere Belohnung, taten ihr Übriges.

DIE KURZVERSION

Auf eine knappe Formel gebracht könnte man sagen: Wenn Sie es schaffen Ihrem Pferd das zu geben, was es braucht, dann gibt es Ihnen auch das was es kann, und Sie können mehr von dem machen, was Sie sich wünschen.

WAS HABE ICH DAVON? EINE EIGENE ANTWORT FÜR JEDE PERSÖNLICHKEIT

Wie Sie sich wahrscheinlich schon denken können, sind nicht alle Pferde auf die gleiche Art und Weise zu motivieren. Die unterschiedlichen Pferdetypen bzw. das jeweilige Temperament entscheiden darüber, was für welches Pferd gerade Sinn macht oder einen echten Beweggrund liefert. Wir werden also versuchen, unsere Motivations-Frage jeder Persönlichkeit ein bisschen maßgeschneidert zu beantworten. Die Strategien ähneln zum Teil den Anregungen aus dem Kapitel „Pferden helfen". Sie beziehen sich aber diesmal eher auf konkrete Aufgabenstellungen, also quasi auf die Arbeit mit den Pferden.

Für jedes Pferd braucht man andere Motivationsstrategien. Mitunter können die etwas unkonventionell erscheinen, doch schließlich entscheidet allein das Pferd, was hilft.

WAS MOTIVIERT EIN INTROVERTIERTES PFERD, DAS TENDENZIELL NOCH UNSICHER IST?

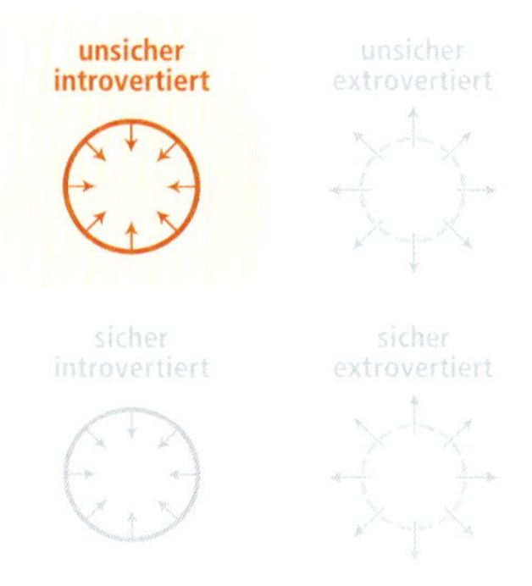

Jetzt müssten Sie sich natürlich fragen, warum wir die angespannten, nicht mitdenkenden Pferde überhaupt motivieren dürfen, da dies ja eigentlich unseren vorherigen Ausführungen widerspricht. Doch man kann durchaus ein Pferd, das zu Unsicherheit neigt, auch mit Aufgaben fördern und entspannen. Und das wiederum erhöht selbstverständlich auch die innere Motivation. Voraussetzung wäre jedoch, dass es sich nicht mehr in einem extremen Zustand befindet. Daher haben wir auch die Überschriften bei den unsicheren Pferden etwas abgeändert und ihnen eine „Tendenz" gegeben anstatt sie in einen „Zustand" zu versetzen.

Eine alternative Formulierung könnte auch sein: Was brauchen diese Pferde, um nicht wieder in ihrer Anspannung und ihrem Versteck zu verschwinden und stattdessen bei uns zu bleiben?

Grundsätzlich benötigen sie ganz viel Zeit für Aufgaben. Wenn Sie von einem Pferd, das gerade eben wieder sicher geworden ist, zu schnell Ergebnisse erwarten, schicken Sie es geradewegs wieder in die Unsicherheit zurück. Geben Sie ihm immer genügend Zeit, sich über Ihre Fragen Gedanken zu machen, dann wird es im Endeffekt viel weniger Zeit brauchen. Als Besitzer eines introvertierten Pferdes bleibt Ihnen kaum eine andere Wahl, als sehr intensiv an Ihrer Geduld zu arbeiten.

Das beinhaltet auch, dass Sie jede Frage an Ihr Pferd sehr nett und freundlich stellen. Warten Sie länger als bei anderen Pferden, bevor Sie die Energie steigern. Erst wenn nach ein paar Sekunden keine Reaktion vom Pferd kommt, und es auch nicht den Anschein macht nach innen geflüchtet zu sein, können Sie beginnen, die Aufforderung deutlicher zu stellen. Tun Sie das aber bitte immer mit ganz viel Ruhe und Gefühl. Auch viel Gleichmaß ist angebracht. Sowohl bei den Aufgabenstellungen, als auch im allgemeinen Trainingsaufbau.

Es gibt eine schöne Videoaufnahme von Jenny mit ihrem Pferd Paul (siehe Video 005). Jenny steht vor Paul auf dem Platz und fragt ihn mit ganz feinen Zeichen, ob er rückwärts gehen kann. Das hieß in diesem Fall, dass sie wirklich nur einatmete, sich groß machte und sich vorstellte, dass Paul rückwärts geht. Sie benutzte dafür weder Hilfsmittel noch ihre Arme. Paul reagierte zunächst gar nicht, denn es brauchte tatsächlich einige Sekunden bis die Frage in seinem Bewusstsein ankam. Doch sobald das geschah, reagierte er prompt und sehr engagiert. Jenny erzählt diese Geschichte gerne auf den Kursen, weil sie zeigt, wie wichtig es ist, den Pferden die Zeit zu geben, die Frage tatsächlich wahrzunehmen. Werden Sie hier zu schnell, zu fordernd oder zu kritisch, fällt das Pferd aus allen Wolken. Es hat ja das Gefühl, noch gar nicht gefragt worden zu sein.

Auch wenn es im Trainingseifer manchmal schwer fällt, so helfen Sie Ihrem Pferd am besten, wenn Sie ihm zwischen den Aufgaben lange Pausen und viel Rückzug gönnen. Es braucht die Zeit, um die Übungen mental zu verarbeiten. Im besten Fall warten Sie so lange, bis Ihr Pferd in der Lage ist zu schlecken, oder bis es sich wieder aus sich heraustraut und sich mit irgendetwas beschäftigt. Das erkennen Sie daran, dass es dort hinhört, -schaut oder -riecht. Wir haben beim Verladetraining z. B. gerne zwei Pferde (eins für Jenny, eins für Peer), die wir abwechselnd verladen, damit einer von uns immer gezwungen ist, Rückzug und Pause zu machen.

Eine echte Pause haben diese Pferde nur, wenn sie für sich alleine sein können und dabei auch einfach nur stehen dürfen. Sie brauchen das Gefühl, von uns in Ruhe gelassen zu werden. Denken Sie dran: Angeschaut zu werden, ist den introvertierten Unsicheren schon oft zu viel. Am besten beschäftigen Sie sich in einer Arbeitspause mit etwas anderem. Auch hier gilt wieder die Devise: „Vergessen Sie Ihr Pferd!“ Sie werden erstaunt darüber sein, welche Wirkung diese kleine Gedankenänderung auslösen kann.

Tun Sie ruhig etwas mit Ihrem Pferd, aber lassen Sie den unsicheren Introvertierten Zeit, um die Antwort zu finden.

Besonders den introvertierten Unsicheren tut es gut, wenn Sie auch mal „vergessen“ werden.

Der Vollständigkeit halber hat Peer aber noch ein Gegenbeispiel von einem auf den ersten Blick sehr introvertierten, unsicheren Pferd bei einem Pferde-Verstehen-Kurs. Der Wallach stand den größten Teil der Vormittagseinheit auf einer Stelle und war in sich verschwunden. Peer sagte der Besitzerin natürlich, dass sie dem Pferd seine Pause, seine Ruhe und seinen Rückzug unbedingt geben und lassen solle, dann käme er schon von alleine aus sich heraus. Tat er aber nicht! Nun gut, man habe ja noch anderthalb Tage Zeit. Am Nachmittag war es dann etwas turbulent mit den anderen Pferden in der Halle, und der in sich gekehrte Wallach musste zwangsläufig mal hierhin, mal dorthin geführt werden. Peer war sehr erstaunt darüber, dass er nicht nur jeder Aufforderung zum Folgen prompt nachkam, sondern auch noch sofort „da“ war, wenn er eine Aufgabe hatte. Stand er aber, war er direkt wieder in sich verschwunden. Es war also alles anders, als es auf den ersten Blick schien, und es war auch eine sehr ungewöhnliche Persönlichkeitskonstellation. Daher müssen wir Sie leider auch so oft daran erinnern, unsere Informationen unter Vorbehalt zu lesen und selbst immer wachsam zu bleiben, anstatt unser Buch unreflektiert Wort für Wort umzusetzen. Werden Sie flexibel und trauen Sie sich ruhig, auch ungewöhnliche Dinge auszuprobieren.

WAS MOTIVIERT EIN EXTROVERTIERTES PFERD, DAS TENDENZIELL UNSICHER IST?

Falls Ihr Pferd in diese Kategorie gehört, wird es ihm helfen, wenn sich Aufgaben oft und auf die gleiche Art und Weise wiederholen. Wiederholung und Routine schaffen Sicherheit. Ihr Pferd merkt: „Das kenne ich, das war eben schon so, das ist jetzt immer noch so, das wird beim nächsten Mal auch so sein."

Die Lernschritte dürfen dabei nicht zu groß sein. Festigen Sie, was Sie erreicht haben, bevor Sie sich an Ihr nächstes Teilziel machen. Schnelligkeit ist auch in diesem Kontext das Gebot der Stunde. In jeder Situation müssen Sie unverzüglich und neutral auf das Pferd reagieren können, denn es braucht nach wie vor eine faire Führung und Sie einen starken Fokus. Verpacken Sie das aber in eine konkrete Aufgabe mit Ihrem Pferd, wird es Ihnen leichter fallen, diese Qualitäten zu entwickeln und mit der Zeit beizubehalten. Allein Ihre Konzentration auf die Aufgabe kann für den Fokus Wunder wirken. Das wird Sie in die Lage versetzen schneller reagieren zu können, ohne hektisch zu werden.

So können auch Hindernisse in jeglicher Form eine wunderbare Hilfestellung sein, weil Sie Ihrem Pferd dadurch einen ganz konkreten Job geben können. Interessanterweise haben wir uns schon oft bei unsicheren extrovertierten Pferden einen Anhänger als Unterstützung gewünscht.

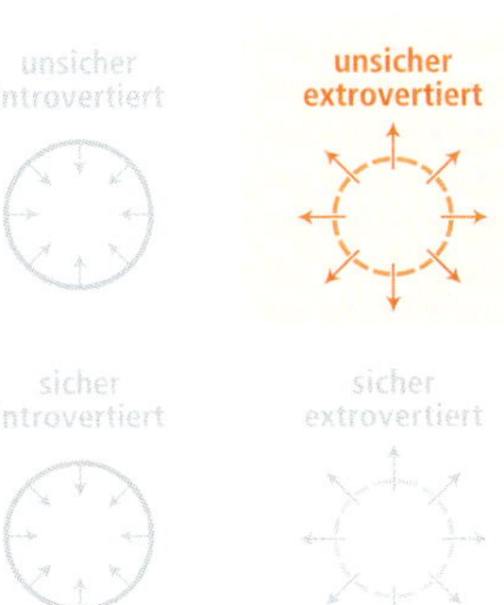

Unsichere Pferde, die extrovertiert sind, brauchen Pause von uns. Aber wenn Sie sich dabei alleine gelassen fühlen, meldet sich das Fluchttier wieder zu Wort.

Mit Hilfe von Hindernissen erhalten Sie die Konzentration von Pferden, die ihren Kopf schlecht einschalten können.

Eine Kombination aus Fluchttier und dessen Horrorthema Pferdeanhänger? Auf die Idee kämen wohl die Wenigsten. Aber: Der Anhänger stellt so ein großes Hindernis und gleichzeitig so ein konkretes Ziel dar, dass wir damit besser als mit irgendetwas anderem die Pferde konzentrieren und tatsächlich runterbringen können.
Eine Pause bedeutet besonders für diese Pferde unter Umständen etwas anderes als für die introvertierten oder sicheren. Besitzer solcher Pferde sagen uns häufig: „Aber mein Pferd will gar keine Pause machen!“ Was sie damit jedoch meinen ist, dass ihr Pferd in seiner Pause nicht stehen bleiben möchte. Doch das muss es auch gar nicht. Pause bedeutet nicht automatisch, dass das Pferd herumstehen muss und gar nichts mehr machen darf. Denken Sie einmal an Ihre Grundschulzeit zurück. Was ist passiert, als die Pausenglocke geläutet hat? Die meisten Kinder sind sofort aufgesprungen und schreiend zum Spielen und Toben auf den Schulhof gerannt. Kaum ein Kind hatte das Bedürfnis, seinen Kopf auf den Tisch zu legen, um sich auszuruhen. Versuchen Sie diesen Pferden den Druck zu nehmen und sie selbst entscheiden zu lassen, ob und wie sie Pause machen möchten. Jedoch darf es sich dadurch wiederum nicht alleine gelassen fühlen.

WAS MOTIVIERT EIN INTROVERTIERTES PFERD, DAS SICHER UND ENTSPANNT IST, UND SEINEN KOPF EINGESCHALTET HAT?

Diese Verhaltensökonomen sind der Archetyp eines Pferdes, das zum Bewegen motiviert werden muss. Sie sind schon von sich aus wenig unternehmungslustig, und Menschen können zwar interessant sein, aber brauchen tut man sie nicht unbedingt. Die Herausforderung für Sie ist somit höher als bei den anderen Persönlichkeiten. Doch wir können Ihnen garantieren, wenn Sie diese harte Nuss geknackt haben, finden Sie in ihrem Kern einen zuverlässigen, ehrlichen und treuen Freund, der mit Ihnen durch dick und dünn geht.

Sie freuen sich über ganz viel Bestätigung für kleine Schritte. „Oh, du hast einen Schritt rückwärts gemacht? Danke, du bist ein Superheld!" Mit einer anderen Einstellung Ihrerseits kommen Sie nicht weiter. Diese Philosophie muss sich auch in der Praxis niederschlagen. Bieten Sie Ihrem Pferd viel Anreiz für sehr wenig Einsatz. Dieser Charakter ist meistens intelligent, bedacht und sich sehr wohl im Klaren über seine Kosten-Nutzen-Bilanz. Leckerlis und andere kurzfristige Motivatoren stehen ganz hoch im Kurs. Doch wie so oft ist Vorsicht geboten, weil sie dabei auch leicht zu fordernd werden können.

Langfristig können Sie die Mitarbeitsbereitschaft verbessern, indem Sie Fragen an das Pferd immer sehr offensichtlich und freundlich beginnen, aber auch unbedingt effektiv zu Ende stellen („Ja, ich meinte das wirklich so!"). Stellen Sie sich das Steigern der Frage als Kurve vor, die je nach Trainingsstand, eigenem Können und Rahmengegebenheiten steiler oder flacher sein kann. Bei einem sicheren „Intro" ist sie tendenziell am Anfang flach und nahe bei null, dann aber wird sie schneller steil als bei anderen Pferden. Damit hat das Pferd Zeit für die Antwort, glaubt Ihnen aber auch die Frage. Vergessen Sie nicht, dabei emotional neutral zu bleiben. Stellen Sie die Fragen nicht zu Ende und haben obendrein noch ein schlechtes Timing, ist das ein sicherer Weg, bald einen Büffel anstelle Ihres Pferdes im Stall stehen zu haben. Diese Pferde haben nicht selten gelernt Schmerzen zu ertragen, weil ihre Menschen sie (unwissenderweise) dahingehend desensibilisiert haben. Als Pferdebesitzer hat man dann die Pflicht, künftig einerseits viel gefühlvoller und geduldiger und andererseits viel konsequenter und nachhaltiger zu kommunizieren.

Geben Sie den Pferden Sinn und Zweck bei den Aufgaben. Häufig ist der Pferdealltag nicht sehr abwechslungsreich, dafür aber vorhersehbar. Deswegen teilen sich Pferde mit dieser Grundkonstitution ihre Energie gut ein und lassen sich nur mit viel Mühe zu mehr als dem Üblichen zwingen. Auch schon ein kleiner, konkreter Zweck erzielt da weit bessere Ergebnisse als die üblichen Aufrüstungsbemühungen der Reiter.

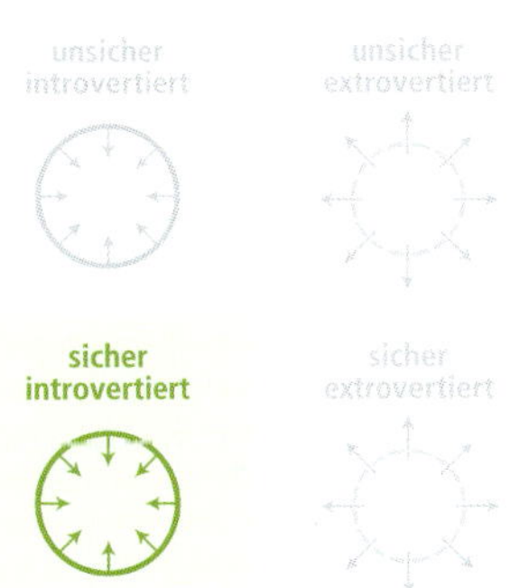

Bla bla bla Menschen können ganz schön uninteressant sein.

Biologisch gesehen gibt es für jedes Lebewesen nur einen einzigen Grund aktiv zu werden. Es muss immer einer bestimmten Funktion, einer sogenannten Endhandlung dienen. Meist hat diese etwas mit Nahrungsaufnahme, Feindabwehr oder Fortpflanzung zu tun. Doch auch auf den ersten Blick unsinnige Dinge, wie herumtoben, erfüllen einen Sinn. Im Viereck laufen gehört dagegen nicht mehr dazu. Doch es gibt selbst hier eine Hintertür. Wenn Sie überzeugt davon sind, dass eine Aufgabe für das Pferd oder auch für Sie wichtig ist, kann sich diese Überzeugung auf das Pferd übertragen. Peer sieht beispielsweise, ebenso wie Lex, keinen großen Sinn darin, Pferde ständig im Kreis laufen zu lassen. Doch einmal musste Lex, um Schleim abzuhusten, eine Zeit lang täglich viel länger am Seil traben und galoppieren, als beide es gewohnt waren. Nach nur wenigen Tagen kam Lex gut damit klar und war sogar motiviert, weil Peer wusste, dass es Lex' Genesung diente, also einen guten Zweck erfüllte.

Eine Schülerin hat uns eine andere passende Geschichte erzählt. Einige Zaunabschnitte ihrer Weiden mussten erneuert werden. Die Koppeln waren recht steil und die Zäune mussten sehr weit oben gezogen werden. Sie dachte sich, warum nicht das Sinnvolle mit dem Nützlichen verbinden, und hat einfach die Pferde das Zaunmaterial tragen oder ziehen lassen. Diese hatten somit einen richtigen Job und waren motiviert bei der Sache. Es ist doch eine tolle Idee, die Pferde viel mehr in praktische Aktivitäten mit einzubeziehen, statt sie einfach nur – aus deren Sicht – sinnfrei Bahnen gehen zu lassen. Wenn Sie Interesse und die Möglichkeit dazu haben, können Sie auch mit Ihrem Pferd an Rindern arbeiten, da besonders dieser Job wirklich ganz konkrete Aufgaben an das Pferd stellt, die in jedem Fall einen Zweck verfolgen. Wir haben schon von introvertierten Norwegern gehört, die richtigen

Nicht nur beim Zaunbau eine nützliche Aufgabe, auch auf größeren Strecken eignen sich diese Pferde als Tragtiere. Partnerschaftlich kann man so mit Rucksack und Packsattel viele Abenteuer erleben.

Cowsense entwickelt haben durch die Arbeit am Rind. Hauptkriterium sollte es sein Aufgaben zu finden, bei denen das Pferd viel im Schritt arbeiten kann und gefordert ist, seine Füße ganz genau einzusetzen und auf diese Weise besondere Herausforderungen zu meistern. Das schöne Resultat ist: Ihr Pferd ist am Ende genauso stolz wie Sie.

Geben Sie sich Mühe, Abwechslung in den Alltag zu bringen. Das bedeutet bei diesem Typ Pferd selbstverständlich nicht, ständig irgendetwas zu fordern! Vielmehr dürfen Sie – wenn Sie etwas mit ihm tun – nicht immer die gleiche Leier abspulen. Waren Wiederholungen für die unsicheren Pferde sehr wertvoll, sind sie für die sicheren demotivierend, ganz besonders für die Energiesparer (denn nach der zehnten Wiederholung ist für sie beim besten Willen kein Sinn mehr darin zu erkennen). Ausreiten ist für diese Pferde unter Umständen eine gute Lösung, denn man hat ein wirklich konkretes Ziel und es gibt alle paar Meter etwas Neues zu sehen.

Seien Sie selbst auch unvorhersehbar und sorgen Sie für Überraschungen. Das kann das schon erwähnte Extragras oder der frühe Feierabend sein, oder auch mal ein etwas effektiveres und prompteres Fragenstellen. Sie können auch einfach mal etwas von rechts tun, das Sie sonst von links tun oder Sie laufen hinter dem Pferd statt neben ihm. Aber achten Sie auf Ihre Energie: Ist diese fordernd, fest und hektisch, ist es nicht mehr spannend, sondern eher ein Überfall. Das mögen die introvertierten, entspannten Pferde auch nicht.

Hindernisse können Sie ebenfalls nutzen, um ihnen anspruchsvolle Aufgaben zu stellen, die wenig Energie erfordern, dafür aber umso mehr Überlegtheit und Präzision; etwa wenn es darum geht im Trailpark die Beine gezielt einzusetzen, um ein Hindernis zu meistern. Das kann Ihr Pferd ebenso stolz machen, wie Sie.

Bei diesem Job, der einen klaren Zweck erfüllt und auch noch abwechslungsreich ist, entdecken viele Pferde ihren Cowsense – und mancher Reiter den Vaquero in sich.

WAS MOTIVIERT EIN EXTROVERTIERTES PFERD, DAS SICHER UND ENTSPANNT IST, UND SEINEN KOPF EINGESCHALTET HAT?

Nun sind wir bei denjenigen Pferden angelangt, die sicher sind und von Haus aus schon ein großes Aktionspotenzial mitbringen. Doch auch sie brauchen ein Motiv, nur eben eines, das sie dazu bewegt, etwas mit uns zusammen zu tun – nicht für sich alleine und auch nicht gegen uns.

Pferde mit einer extrovertierten, sicheren Veranlagung sind von Natur aus nämlich auch nicht bestrebt zu arbeiten oder über einen längeren Zeitraum hinweg gezielte Bewegungsabläufe zu präsentieren. Ihre natürliche Motivation beschränkt sich im Allgemeinen darauf, die Energie im Spiel, und in übermütigen Bewegungen, auszuleben. Mit Drill und Zwangsmaßnahmen ziehen Sie schnell zuerst den Unmut und dann die Gegenwehr auf sich. Leider ist es aber gleichzeitig wichtig, dass sie Disziplin lernen müssen, sonst machen sie ja ausschließlich was sie wollen und wir kommen nicht an sie ran!

Wir wissen aus eigener Erfahrung, dass es oft nicht so ganz einfach ist, sich ein bisschen zurückzunehmen und auch dem Pferd seine eigenen Ideen zuzugestehen. Dabei haben Pferde, und das durften wir die letzten Jahre glücklicherweise immer häufiger erleben, selbst die besten Ideen, wenn es um neue und kreative Aufgaben geht. Legen Sie einfach mal unbekannte Gegenstände oder Hindernisse auf den Reitplatz mit der ganz allgemeinen Aufgabe: „Lass dir doch mal selbst etwas damit einfallen!" Manche Pferde legen vielleicht ihr Bein darüber, treten dagegen, versuchen sie zu schubsen, zu beißen, zu rollen oder sie auf andere Art zu bewegen. Oder sie rennen auch erst einmal weg bzw. sogar hinterher,

Toben liegt in der Natur der Pferde, exerzieren dagegen nicht.

Hey, Micky, lass dir was mit den Tonnen einfallen!

z. B. bei einem Ball. Ein richtig schönes Beispiel ist der zweite Teil des „Urlaubs-Clips" von Lex (S. 39), in dem er sich den Wassersprenger ausgesucht hat, um herauszufinden, wie er funktioniert, und was man damit unternehmen kann. Nach und nach drehen Sie den Spieß um und geben Ihrem Pferd mit diesen Gegenständen ganz konkrete Aufgaben oder ändern das, was sich Ihr Pferd ausgedacht hat, ein bisschen ab. So wird es garantiert eher bereit sein, auch Ihre Ideen als wertvoll und lernenswert zu erachten – schließlich sind es ja auch seine eigenen. Mit ein bisschen Erfahrung werden Sie die Balance zwischen Ihren Ideen und denen des Pferdes immer besser feintunen können.
Noch mehr als die „Intros" verlangt das extrovertierte Pferdetemperament abwechslungsreiche und kreative Beschäftigung. Sie müssen immer noch ein Ass aus dem Hut zaubern können, wenn es drauf ankommt, sonst werden Sie uninteressant. Bleiben Sie zwar solange an einer Aufgabe dran, bis Sie eine tatsächliche Verbesserung erkennen, wechseln Sie aber nicht zu spät zu einer neuen Aktion, wenn Ihr Pferd sich Mühe gegeben hat.
Vergessen Sie bitte auch nicht, Ihr extrovertiertes Pferd zu loben. Diese Pferde zeigen ziemlich deutlich, wie gut Ihnen Ihre Wertschätzung tut. Schnell werden sie sich noch mehr Mühe geben.
Die Pause sollten diese Pferde nutzen können, wie sie es für richtig halten. Viele spielen dann gerne und bocken sich nach einer konzentrierten Phase aus. Diese freie Bewegung ist sehr wichtig, damit sich keine physischen und mentalen Spannungen aufbauen, weder im Pferd noch Ihnen gegenüber. Wenn Sie mehrere Pferde frei auf dem Platz haben und die anderen Pferdebesitzer es ebenfalls befürworten, lassen Sie die Pferde, die sich kennen, ruhig miteinander spielen.

NOCH EIN PAAR HINWEISE

Nach den speziellen Tipps für die einzelnen Persönlichkeiten, haben wir noch einige allgemeine Ratschläge für Sie, damit Sie sich mit der optimalen Einstellung an die Arbeit machen. Diese Ratschläge rund um die Motivation gelten für alle Lebewesen, und wenn man sie vernachlässigt, kann man sich schnell die hart erarbeiteten kleinen Erfolge direkt wieder verscherzen.

DIE FEINDE DER MOTIVATION

Für uns war es schon immer wichtig, über den eigenen Tellerrand zu schauen. Sowohl innerhalb als auch außerhalb der Pferdeszene. Im Bereich der Motivation ist das besonders einfach, weil es Menschen aus den verschiedensten Fachrichtungen interessiert. Für ein umfassendes Verständnis eines Themengebiets hilft es, schon von Anfang an zu wissen, wo dessen Grenzen liegen. Zu diesem Zweck kann man zum Beispiel herausfinden, wie das Gegenteil, in unserem Fall also die Demotivation, aussieht. In der bekannten deutschen Fernsehzeitschrift TV Hören und Sehen wurde vor einigen Jahren ein Artikel mit der Überschrift „Das

Ein motivierter, aber nur auf seinen Spaß bedachter Mensch reicht nicht aus, um das Pferd damit anzustecken. Man muss auch merken, womit man sein Pferd trotz guter Laune ausbremst.

Glücks-Versprechen“ von Sebastian Junge veröffentlicht. Dort stießen wir unter anderem auf eine Auflistung von Demotivatoren. Genauso, wie wir mit einer wohlwollenden Einstellung und positiver Energie Pferde zu mehr Einsatz, Freude und Engagement motivieren können, so ist es auch möglich, sie zu demotivieren. Es ist sogar noch um einiges einfacher, ein Pferd durch eigene schlechte Gefühle und negative Energie mit nach unten zu ziehen als einen Menschen. So heißt es in dem Artikel: „Demotivation ist leicht von einem Menschen auf den anderen übertragbar, ähnlich einem Virus. Das gilt vor allem in einer Beziehung.“ Diese Erkenntnis können wir problemlos auch auf die Pferde übertragen, da wir letztendlich mit ihnen auch nichts anderes als eine Beziehung führen. In diesem Bericht werden fünf Faktoren der Demotivation genannt, welche wir einmal in Bezug auf Pferde etwas genauer unter die Lupe genommen haben.

Respekt kommt von zurückschauen. Es bedeutet stolz darauf zu sein, was man zusammen geschafft hat und es heißt auch Rücksicht nehmen auf das Wesen der Pferde.

1. Achtlosigkeit: Nicht ge- oder beachtet zu werden ist für kein fühlendes Wesen angenehm. Jeder möchte gerne respektiert, wahr- und ernst genommen werden. Respekt ist auch so ein Wort, das in zahllosen Kontexten immer wieder anders verstanden und verwendet wird. Wörtlich übersetzt bedeutet es Rücksicht (respectare = zurückschauen) und Achtung. Angst ist also ebensowenig ein Teil von Respekt, wie Vernachlässigung oder Missachtung, und zwar gilt das für beide Seiten. Daher sind Respekt und Aufmerksamkeit das beste Gegenmittel für diesen ersten Demotivator.

2. Überzogene Kritik: An Pferden herum zu kritisieren ist fast so einfach, wie das in sozialen Medien mit seinen Mitmenschen zu tun. Mit nichts wirklich zufrieden zu sein und das Pferd stets abfällig zu tadeln und klein zu machen, ist in der Reiterwelt leider immer noch an der Tagesordnung. Schließlich gibt das Pferd keine Widerworte und lässt sich allzu leicht durch negative Energie seitens des Menschen einschüchtern. Grenzen setzen, auf falsche Entscheidungen hinweisen, das, was wir nicht möchten, schwieriger machen – das sind Trainingsmethoden, die mit einer wohlmeinenden Intention die Ausbildung des Pferdes unterstützen und motivieren. Doch überzogene Kritik, nach Fehlern zu suchen und meckern, fühlt sich für das Gegenüber immer ungerecht an. Sie haben sicher auch schon in solchen Situationen gemerkt, wie das selbst die größte Arbeitsbereitschaft untergraben kann.

3. Mangelndes Vertrauen und Zutrauen: Jeder Reiter wünscht sich von seinem Pferd nicht nur Respekt, sondern natürlich auch Vertrauen. Aber: Wie kann man von jemandem Vertrauen erwarten, dem man es selbst nicht entgegenbringt und dem man obendrein nichts zutraut? Wir erleben oft in unserer täglichen Arbeit, dass die meisten Menschen weder an ihr Pferd glauben, noch ihm ein Mindestmaß an Entscheidungsfähigkeit oder Denkvermögen zutrauen.

Auch wenn man es lang lässt: Ein Seil, das auf Spannung festgehalten wird, zeigt, dass der Mensch sich und dem Pferd gerade nicht viel zutraut.

Wenn Sie sich für Zuversicht entscheiden, Ihr Pferd für fähig halten, ihm aber auch Fehler zugestehen, erlangt es mehr Selbstsicherheit und kann sich auf Ihr Urteil und Ihre Art des Umgangs verlassen. Es bekommt Aufgaben zugeteilt, die es selbstständig erfüllen kann und darf gerade deswegen viel mehr seine eigenen Ideen einfließen lassen. Das unterbricht den Teufelskreis gegenseitigen Misstrauens.

4. Unklare Ziele und Wünsche: Ihr Pferd denkt viel in Bildern, es kann auf diese Weise häufig fast Ihre Gedanken lesen, ja tut es wahrscheinlich sogar. Haben Sie unklare Vorstellungen oder Bilder von der nächsten Aufgabe, stellen schwammige Fragen und sind sich nicht ganz sicher, was Sie von Ihrem Pferd möchten, so kann Ihr Pferd Sie nicht verstehen. Eine motivierte Kooperation wird dabei sicher nicht herauskommen. Wer bisher gut aufgepasst hat, weiß, dass jetzt wieder eines unserer Lieblingswörter folgt: Der Fokus. Je deutlicher Ihr inneres Bild ist, umso klarer ist Ihre Körpersprache und umso besser wird Ihr Pferd Sie verstehen. Und Sie wiederum haben ein besseres Timing und können das Pferd öfter und früher loben.

5. Kleinliche Kontrollen: Als große Freiarbeitsfans möchten wir unsere Pferde nicht einfach nur ohne Seil und Halfter kontrollieren können, sondern wir möchten ihnen vielmehr ein Maximum an Freiheit ermöglichen. Nun ist es aber leider so, dass dies nur funktioniert, wenn wir auf der anderen Seite der Gleichung gute Erziehung als ausgleichendes Gewicht dagegen setzen. Dies ist ein schwieriger Balanceakt. Doch man vermeidet damit, was Menschen natürlicherweise aus Unsicherheit tun: Kontrollieren durch festhalten und Einengen im wörtlichen und im übertragenen Sinne. Jede Handlung des Pferdes wird genau überwacht und die kleinste Bewegung in eine falsche Richtung unterbunden. Das muss nicht einmal die von uns so oft zitierte Kontrolle durch Schmerz sein. Es reicht, dass ein Pferd sich bei jedem Schritt überwacht fühlt und Eigeninitiative immer wieder verhindert wird. Alles wird vorgegeben, bestimmt und überwacht, getreu dem Motto: Vertrauen ist gut, Kontrolle ist besser! Ein Weg aus dieser Falle führt über die Eigenverantwortung, die Pferde (mit) übernehmen müssen oder besser gesagt dürfen. Das Credo dieser Herangehensweise lautet: Kontrolle ist gut, Vertrauen ist besser.

Es sollte nicht verwundern, dass diese fünf Punkte im Großen und Ganzen das Gegenteil unserer positiven Beweggründe darstellen. Auch werden Sie sie nicht auswendig lernen müssen, denn jeder hat sie schon oft gebraucht oder am eigenen Leib erfahren. Sie lassen sich nämlich nur schwer vermeiden. Der Weg zu den Demotivatoren geht bergab und ist rutschig, der Weg zu den Motivatoren geht bergauf und ist steinig. Doch wenn Sie wachsam bleiben, dann bekommen Sie Übung im Klettern und vermeiden Ausrutscher.

Wer dem Pferd ein klares mentales oder konkretes Ziel anbieten kann, frustriert es nicht so leicht.

GEWINNEN ODER VERLIEREN?

Erinnern Sie sich noch an unsere Kernaussage für das richtige Motivieren? Sie hieß etwas überspitzt ausgedrückt: Geben Sie dem Pferd, was es will! Der Gedanke, der vielen Reitern dabei sofort in den Sinn kommt, ist: Ja, aber hat das Pferd dann nicht gewonnen? Falls Sie beim Lesen bis hierhin durchgehalten haben, wird der Gedanke, dass Pferde auch gewinnen dürfen, Sie sicher nicht mehr schockieren. Trotzdem möchten wir noch ein paar Zeilen zum Thema gewinnen und verlieren schreiben.

Wir starten direkt mit einer anderen Frage: Haben Sie schon einmal bei irgendetwas gewonnen? Und, wie hat sich das angefühlt? Ganz klar fühlt es sich gut an zu gewinnen. Doch es geht nicht immer nur bergauf im Leben, also haben Sie sicher auch schon einmal bei etwas verloren. Wie hat sich das für Sie angefühlt? Da sind wir uns bestimmt wieder einig: Verlieren fühlt sich schlecht an! Nun kommt aber die entscheidende Frage: Würden Sie lieber mit jemandem etwas unternehmen, bei dem Sie sich wie ein Gewinner fühlen, oder mit jemandem, bei dem Sie sich wie ein Verlierer fühlen? Auch hier muss niemand überlegen, die Antwort liegt auf der Hand. Was hat das mit Motivation zu tun? Nun ja, jeder, dessen Trainingsideologie zwei Spalten beinhaltet– eine fürs Gewinnen und eine fürs Verlieren – kreiert automatisch ein Klima des Gegeneinanders. Er kann nur gewinnen, wenn das Pferd verliert. Und wie wir gerade festgestellt haben, muss sich das Pferd permanent schlecht fühlen, wenn ein solches Training erfolgreich sein soll. Das ist aber eine paradoxe Situation, denn die Bereitschaft mitzuarbeiten sinkt dadurch kontinuierlich. Jedenfalls wenn sie von innen heraus kommen soll. Das kann also nicht die Lösung sein. Das Pferd muss sich als Gewinner fühlen und der Mensch ebenfalls. Wenn Sie ein Ziel haben, das Ihnen am Herzen liegt, dann finden Sie die bestmögliche Antwort auf die Was-habe-ich-davon-Frage Ihres Pferdes. So werden Sie sich beide gut fühlen und mit großen Schritten vorankommen. Vermeiden Sie also die Kategorien Gewinner und Verlierer, sondern konzentrieren Sie sich auf Ihr gemeinsames Ziel.

Was haben Sie davon, wenn Ihr Pferd sich bei Ihnen wie ein Verlierer fühlt? Freuen Sie sich mit ihm, dann können beide nur gewinnen.

IST ES MÖGLICH? IST ES SINNVOLL? IST ES GERECHT?

Im Jahr 2009 besuchten wir als Zuschauer einen Kurs bei der amerikanischen Trainerin Karen Rohlf. Sie ritt erfolgreich im amerikanischen Olympia-Dressurkader. Irgendwann merkte sie, dass sie zwar sportlich alles mit den Pferden erreicht hatte, aber in der Beziehung und im Umgang zu ihren Vierbeinern eine große Lücke klaffte. So kam sie zu Pat und Linda Parelli, die sich sehr glücklich schätzten, eine so erfolgreiche Dressurreiterin zu ihren Studenten zählen zu dürfen. Gerade auch, weil Linda ja eine große Verfechterin des Dressurreitens ist. Seitdem lehrt Karen Rohlf die Grundsätze des Natural Horsemanships zusammen mit der feinen Dressur und beweist eindrucksvoll, wie sich diese Bereiche gegenseitig befruchten können. Der Kurs hat uns sehr

Ist es sinnvoll, möglich und gerecht, dann macht es beide Seiten stolz.

viele neue Ideen und Eindrücke beschert. Wobei uns eine ihrer Anregungen besonders im Gedächtnis geblieben ist. Diese passt so gut zu diesem Buch, dass wir sie Ihnen nicht vorenthalten möchten. Karen machte den Vorschlag, dass man alles, was man von Pferden verlangt, immer zuerst dahingehend überprüft, ob es möglich ist, ob es sinnvoll ist und ob es gerecht ist. Mit diesen Überlegungen orientiert man sich besser an den Möglichkeiten des Pferdes, fragt nach dem Nutzen einer Übung (besonders für das Pferd) und prüft, ob man nicht doch nur das Pferd für seine eigenen Zwecke missbraucht. Übergeht man diese kleine Dreier-Checkliste, dann wird man über kurz oder lang kein motiviertes Pferd mehr haben.

Auf der anderen Seite sollten Sie jedoch auch nicht bei jedem Nein als Antwort auf diese drei Fragen aufhören, mit Ihrem Pferd etwas zu tun. Das kennen wir schon von der Checkliste. Sie können und müssen Ihr Pferd auch öfters aus seiner Komfortzone herausholen und diese auch mit Verstand erweitern. Sonst gäbe es ja keine Weiterentwicklung, weder

Offenheit zwischen Mensch und Pferd fördert die Vertrautheit und verbindet. Manipulation kann das wieder zersetzen.

was das Lernen noch was körperliche Prozesse wie Gymnastizierung und Fitness anbelangt.

Wenn Jenny ihre Amy beispielsweise fragen würde, ob sie über einen 1,60 m hohen Oxer springen kann, würde die Antwort ganz sicher lauten: „Nein, das ist mir nicht möglich“ – ganz davon abgesehen, dass es auch kaum sinnvoll oder gerechtfertigt wäre. Wenn sie allerdings fragen würde: „Amy, kannst du über dieses Cavaletti springen?“, und Amy würde sagen: „Nein, das ist mir nicht möglich.“, dann würde Jenny vielleicht doch noch mal nachhaken, ob das wirklich eine ehrlich gemeinte Antwort, oder doch eher eine Ausrede ist.

Die wirkliche Grenze zu erkennen ist nicht so einfach. Hier wird Ihnen jedoch der erste Teil unseres Buches von Nutzen sein, denn Sie können jetzt schon viel besser erkennen, ob Ihr Pferd physisch, mental oder emotional nicht in der Lage ist die Aufgabe auszuführen, oder ob es schlicht und ergreifend an Ihren Führungsqualitäten zweifelt.

MOTIVATION UND MANIPULATION

Mit den Feinden der Motivation haben Sie ja schon Bekanntschaft gemacht. Das waren aber nur die offensichtlichen, die sogenannten fernen Feinde. Deren augenscheinlichen schlechten Einfluss zu erkennen ist nicht schwer. Doch es gibt da auch noch hinterhältigere Gegenspieler. Für sie gibt es den Begriff des nahen Feindes. Das ist etwas, was so ähnlich ist, aber dennoch knapp daneben liegt und andere Hintergründe und Auswirkungen hat. Der bedeutendste nahe Feind der Motivation ist die Manipulation.

Sicher gibt es Menschen, die ihr Pferd manipulieren, um den eigenen Vorteil daraus zu schlagen. Wir gehen mal davon aus, dass nur wenige Menschen, die dieses Buch lesen, ihr Pferd absichtlich manipulieren wollen. Anderen ist vielleicht gar nicht so wirklich klar, was Manipulation überhaupt bedeutet. Die Unterschiede scheinen auf den ersten Blick nicht allzu groß zu sein. Doch schon bei der Definition laut Wikipedia stoßen wir auf eine Wortwahl, die einen unguten Beigeschmack hinterlässt. Demnach handelt es sich bei der Manipulation um „die gezielte und verdeckte Einflussnahme auf ein anderes Individuum. Es beinhaltet sämtliche Prozesse, welche auf eine Steuerung des Erlebens und Verhaltens von Einzelnen und Gruppen zielen und diesen verborgen bleiben sollen."

Vergleichen wir nun Motivation mit Manipulation, können wir eine ganze Reihe Unterschiede feststellen, die den Graben zwischen den beiden Praktiken deutlich macht:

1. Verdeckt statt offen: Der erste Unterschied steckte schon in der Definition. Wer jemanden manipulieren möchte, versucht dies heimlich zu tun. Der Andere soll nicht merken, dass er beeinflusst wird. Es grenzt oft an Hinterhältigkeit. Kennen Sie den Trick, das Halfter hinter dem Rücken versteckt zu halten, wenn sich ein Pferd auf der Weide nicht einfangen lassen will? Das ist im wahrsten Sinne des Wortes so eine hinterhältige Strategie (und zu allem Überfluss auch noch völlig nutzlos).

Bei der Motivation dagegen herrscht eine klare und ehrliche Kommunikation, bei der ganz offensichtlich ist, um was es geht oder welche Erwartungen man hat.

2. Ohne Grund statt mit Grund: Auch den zweiten Gegensatz haben Sie schon gehört. Jemand, der manipuliert, gibt dem Gegenüber keinen (uneigennützigen) Grund für sein Handeln. Pferde würde man also bewegen, weil man das jetzt will.

Für echte Motivation ist jedoch ein wahrer Beweggrund eines der zentralen Merkmale. Das Pferd soll jederzeit wissen, warum es Sinn macht, die eigenen Energievorräte zu mobilisieren. Unter dem nächsten Punkt finden Sie auch die Erklärung dafür, warum der, der manipuliert wird, den Sinn dahinter nicht kennen soll, denn es ist ein rein egoistischer.

Der Apfel allein ist ein guter Motivator, doch zusammen mit dem versteckten Halfter ist er ein eindeutiger Manipulationsversuch.

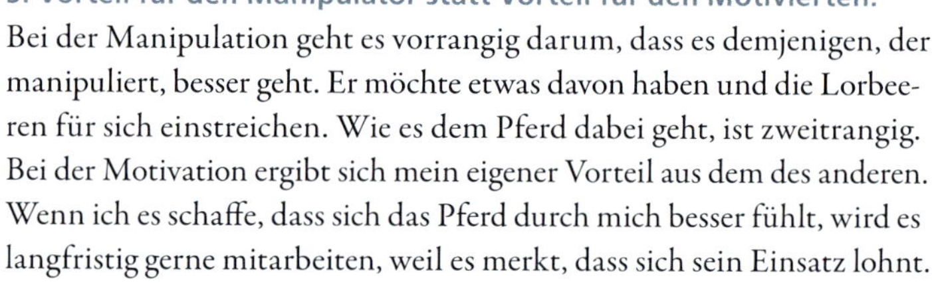

3. Vorteil für den Manipulator statt Vorteil für den Motivierten: Bei der Manipulation geht es vorrangig darum, dass es demjenigen, der manipuliert, besser geht. Er möchte etwas davon haben und die Lorbeeren für sich einstreichen. Wie es dem Pferd dabei geht, ist zweitrangig. Bei der Motivation ergibt sich mein eigener Vorteil aus dem des anderen. Wenn ich es schaffe, dass sich das Pferd durch mich besser fühlt, wird es langfristig gerne mitarbeiten, weil es merkt, dass sich sein Einsatz lohnt.

4. Kopf ausschalten statt Kopf einschalten: Ein Pferd, das mitdenkt, ist nicht immer erwünscht. Warum sonst wären Aussagen über Pferde, die „ihren eigenen Kopf" haben, immer negativ gefärbt. Das ist auch ein Attribut der Manipulatoren. Sie möchten nicht, dass der andere nachdenkt, sonst würden sie schnell ihre Machtstellung einbüßen. Sie sind darauf angewiesen, den Pferden alles vorzusagen, die dann einfach nur ausführen sollen.
Bei der Motivation ist Mitdenken erwünscht. Pferde sollen Lösungen finden und nachhaltig lernen. Auch wenn das auf beiden Seiten anstrengend sein kann, so kann man sich doch nur so weiterentwickeln und seinen Horizont erweitern.

Nur eine kleine Geste, in der aber vieles drinsteckt: Gemeinsames Interesse regt zum Denken an. Das ist der beste Schutz gegen Machtmissbrauch.

5. Trennend statt verbindend: Zum Manipulieren ist es für den Manipulator nötig, selbst eine emotionale Distanz zu wahren. Er ist nicht an einer Beziehung interessiert, sondern strebt nur eine Zweckgemeinschaft an.
Bei der Motivation möchten, ja brauchen wir unbedingt eine echte Verbindung. Das Gemeinsame, das Verbindende, der Austausch auf gleicher Ebene machen dabei überhaupt erst den Reiz der Zusammenarbeit aus.

6. Macht ausüben statt Verantwortung übertragen: Bei Manipulation geht es um strikte Kontrolle und Fremdbestimmung. Natürlich bestimmen wir auch ganz viel über und für das Pferd, aber schauen Sie bitte noch einmal unter Punkt drei nach. In letzter Konsequenz haben wir immer auch das Wohl des Pferdes im Auge, anstatt auf unsere eigene Machtposition zu schielen.
Bei der Motivation werden wir dem Pferd nach Möglichkeit seine Souveränität zugestehen, wofür es dann allerdings auch Verantwortung übernehmen muss.

MANCHMAL IST MANIPULATION ERLAUBT

Ein Pferdemensch, der motiviert, möchte damit ein eigenständiges, denkendes, entspanntes, partnerschaftliches Individuum fördern. Einem, der manipuliert, geht es um Kontrolle, Unselbstständigkeit und Eigennutz.
So, jetzt, wo das geklärt ist, kommen Jenny und Peer bestimmt wieder mit irgendwelchen Einschränkungen! Ja, das tun wir in der Tat. Ganz

Manchmal ist ein bisschen Manipulieren nicht zu vermeiden und Teil des Alltags. Doch Lex und sein Spielzeug finden: mit Motivation macht es mehr Spaß.

so schwarz und weiß können wir es nämlich nicht stehen lassen. Es gibt natürlich durchaus Situationen, in denen es Sinn macht Pferde zu manipulieren, weil es für beide Seiten einfacher ist und weil Motivation auch nicht immer und überall so leicht funktioniert, wie wir es Ihnen auf diesen geduldigen Seiten unseres Buches in der Theorie aufgeschrieben haben. Zum Beispiel hilft es etwa, wenn man ein Pferd darauf konditioniert in Stresssituationen den Kopf zu senken, um es zu entspannen oder ein Notstopp-Signal zu etablieren, das funktionieren muss. Um das zu erreichen, kann es schon mal passieren, dass man ein Stück weit das Gebiet der harmonischen Kommunikation verlässt und mit einem halben Bein bereits im Bereich der Manipulation steht. Auch beinhaltet das, was wir im Alltag tun, oft genug manipulative Techniken. Doch wenn man weiß, wofür man sie benutzt und sich dessen bewusst ist, nutzen sie auch mehr als sie schaden. Jetzt, wo Sie die Unterschiede kennen, werden Sie diese besser identifizieren können und wissen, was Sie gerade tun.

PRAKTISCHE MOTIVATIONSÜBUNGEN

Für die Motivation an sich gibt es eigentlich keine eigenen Übungen. Unsere Tipps waren ja ohnehin schon für Aufgaben allgemein gedacht. Aber einige wenige Vorschläge wollten wir Ihnen noch mit auf den Weg geben, damit Sie eine bessere Vorstellung davon haben, wie die praktische Umsetzung aussehen kann.

MOTIVATIONSSCHILDER ALS PAUSENSTATIONEN

Alles steht und fällt mit unserer Einstellung dem Pferd, dem Umgang und dem Training gegenüber. Um sich die Notwendigkeit einer positiven Einstellung ständig ins Gedächtnis zu rufen, empfehlen wir Ihnen Schilder an der Bande zu platzieren, welche Sie mit positiven Lobworten oder Sätzen für und über Ihr Pferd beschriften sollten. Diese Orte sollten Sie als Pausenstationen und zur Belohnung nutzen. Bei unseren Kursen zum Thema Motivation haben wir sie immer dabei und sie leisten uns große Dienste. Auf unseren Schildern stehen Schlagworte und Sätze wie:

— Das hast du gut gemacht!
— Du hast dir viel Mühe gegeben!
— Dankeschön!
— Superpferd!
— Wir machen Pause!

Manchmal muss man sich dran erinnern, dass man stolz auf sein Pferd ist, oder wie mutig es ist.

Leckerlis gibt es nur ohne zu drängeln.

Sie können sich aber auch gerne eigene Sprüche überlegen, die am besten zu Ihnen und zu Ihrem Pferd passen.
Steuern Sie die Stationen mit den Schildern immer dann an, wenn Sie kleine oder große Herausforderungen gemeistert haben. Oder Sie nutzen sie auch für kleine Zwischenschritte, wenn Sie Ihr Pferd belohnen möchten. Sie können da entweder einfach Zeit verbringen oder die Pause bereichern, indem Sie dort etwas Leckeres für Ihr Pferd deponieren. Wir hängen ganz gerne kleine Körbchen mit Möhrenstückchen oder Keksen auf. Aber auch ein Heunetz erfüllt schon seinen Zweck. Diese Pausenstationen haben den Nachteil, dass Sie sie ggf. mit einer guten Privatzone verteidigen müssen. Denn einfach stibitzen sollen die Pferde sich diese Belohnungen nicht. Die Leckerlis und das Heu gibt es von Ihnen erst nach Aufforderung. Allerdings bieten sie auf der anderen Seite die Möglichkeit Leckerlis zu nutzen, ohne welche in der Tasche zu haben.
In jedem Fall helfen die Rast- und Futterplätze dabei, immer wieder aus der Aufgabe herauszugehen und frisch zu bleiben. Das Pferd hat die Möglichkeit darüber nachzudenken, wie es sich die Pause und Ihr Lob verdient hat. So wird es bei der nächsten Runde, motiviert und offen, gemeinsam mit Ihnen an Ihrem Projekt weiter arbeiten.

VERANTWORTUNG DELEGIEREN – LERNEN NEUTRAL ZU BLEIBEN

In unserem Übungsbuch Natural Horsemanship haben wir ausführlich das Zirkelspiel erklärt. Es sieht fast aus wie longieren, nur dass man den Pferden die Verantwortung dafür überträgt, die Gangart selbstständig beizubehalten. Der entscheidende Faktor dabei ist die neutrale Energie des Menschen. Das war die Energie, die nicht eingeschaltet ist, die aber auch nicht ganz ausgeschaltet ist. Für unser Zirkeln bedeutet das, dass man sich abgewöhnt ständig zu treiben. Mit Treiben ist in dem Fall nicht nur die permanente Energie der Gerte oder des Sticks gemeint, sondern auch schon, dass Sie Ihr Pferd anstarren, den Körper zu ihm ausrichten, mitlaufen oder Ihren Arm angehoben halten, um es weiter zu schicken. Sie treiben es dadurch quasi mit mentalem Druck. Um das zu ändern, müssen Sie einiges genau umgekehrt machen, wie sie es vielleicht gewohnt sind. Sie bleiben nämlich solange neutral, wie Ihr Pferd seinen Job macht und weiterläuft. Hört es damit auf, indem es stehenbleibt oder zu Ihnen in die Mitte kommt, werden Sie wieder aktiv, schalten sich ein und sorgen freundlich, aber bestimmt

Verantwortung kann man nur delegieren, wenn man seine eigene wahrnimmt: Lex behält seine Gangart bei, wenn Jenny neutral bleibt.

dafür, dass es zurück auf den Zirkel geht. Läuft es dort wieder im Kreis, kehrt Ihre Energie zurück zu neutral. Ihr Pferd wird bald merken, dass draußen laufen angenehmer ist und weniger Energie braucht, als eine Pause zu machen. Und, dass der Mensch in der Mitte ja gar nicht eingeschlafen und ausgeschaltet ist, sondern dem Pferd nur seine Ruhe lässt, weil es seinen Job macht. Das Pferd bestimmt also darüber, was Sie in der Mitte tun. Als Bonus gibt es selbstverständlich die ersehnte Pause, wenn das Pferd ohne treiben ein bisschen weiterläuft als bei den Versuchen davor.

Mit der Zeit können Sie diese Verantwortung vollständig an Ihr Pferd delegieren. Versuchen Sie nicht zu schummeln, indem Sie vielleicht doch hier und da ein bisschen nachhelfen, das verlängert den Prozess nur. Wir wissen, wie schwierig das ist, weil es den Mut erfordert seinem Pferd wirklich zu vertrauen. Aber es lohnt sich. Denn es wird Ihnen viel besser zuhören und damit anfangen, Ihnen Fragen zu stellen (Reicht das schon? Kann ich jetzt Pause machen?). Dieses Prinzip können Sie nicht nur beim Zirkeln anwenden, sondern immer dann, wenn Sie Ihr Pferd bewegen möchten. Also auch beim Führen, bei der Freiarbeit, beim Reiten, beim Gymnastizieren, ja selbst beim Stehenbleiben.

DIE HEINZ ERHARDT ÜBUNG

Unsere nächste Übung hat natürlich nicht der unvergessene deutsche Komiker erfunden. Sie erinnert Peer aber immer an ein Gedicht von Heinz Erhardt. Da heißt es in einer Zeile: „Lasst uns von Tonne zu Tonne eilen und dem Müll eine Abfuhr erteilen!“ Und tatsächlich geht es bei diesem Spiel auch darum, mit dem Pferd von einer Tonne zur nächsten zu gehen oder zu reiten. Man kann auch Hütchen oder andere Dinge nutzen, aber die beliebten blauen Tonnen sind groß und deutlich und eignen sich einfach hervorragend dafür. Es ist eine Übung, die besonders den introvertierten, sicheren Kandidaten einen Sinn für etwas mehr Elan gibt.

Das Prinzip ist schnell erklärt: Die Tonnen fungieren als Pausenstationen. Wie viele man verwendet und wie weit sie auseinander stehen, sollte man am besten in einigen Übungsreihen für sein eigenes Pferd herausfinden. Für den Einstieg und zum Erklären stellen Sie sich erst einmal zwei Stück vor, die in einem Abstand von etwa 10 m aufgestellt sind. Jetzt reiten Sie zur ersten Tonne hin und machen dort eine Pause. Falls Ihr Pferd die Tonne untersuchen möchte, umso besser, es geht aber auch ohne. Nach der Pause reiten Sie zur zweiten Tonne und pausieren da wieder. Das wiederholen Sie einige Male. In den meisten Fällen werden sich die Pferde schnell ein bisschen mehr Mühe geben, sobald sie wissen, dass der nächste Stopp wieder an der Tonne ist und sie umso länger Pause haben, je früher Sie dort ankommen. Ein schöner Nebeneffekt ist, dass sie anfangen gerader zu laufen, denn auch Schlangenlinien

Lass uns von Tonne zu Tonne eilen und diese als Ziel anpeilen!

kosten Zeit und Kalorien. Manchmal reicht die Pause allein aber nicht als Anreiz aus, dann brauchen Sie einen Helfer, der noch etwas Schmackhaftes auf die jeweils nächste Tonne legt.
Dieses Konzept kann man für die verschiedensten Gegebenheiten modifizieren. Man kann wie gesagt ebenso gut Hütchen oder Aufsteigehilfen nehmen. Es gibt auch das Ecken-Spiel, bei dem es darum geht, die Ecken nicht abzukürzen und an der Bande zu bleiben, weil es die Pause immer in der Ecke gibt. Oder man sucht sich im Gelände Bäume, Bänke, Wegkreuzungen, Zaunpfähle oder etwas Ähnliches. Auch bestimmte Plätze zum Grasenlassen kann man an einer Bande oder auf dem Ausritt mit einbauen. Gemeinsames Prinzip ist eben das konkrete Ziel und die Belohnung, die dort auf das Pferd wartet.

GEGENSEITIG AUFGABEN STELLEN

Peer ist es schon ganz oft passiert, dass er einen Geistesblitz, eine spontane Idee für eine neue Herausforderung für sich und seine Pferde hatte. Im Kielwasser dieses Enthusiasmus wurde sie dann auch unverzüglich ausgeführt und – zack – alles klappte wie am Schnürchen. Am folgenden Tag wollte er es dann Jenny zeigen und – zack – nichts funktionierte

Einer macht es vor, …

mehr. Es dauerte einige Jahre, bis er die wahrscheinliche Ursache für dieses Phänomen fand. Der Geistesblitz erschuf von innen heraus ein so deutliches Bild, dass die Körpersprache gewissermaßen autonom direkt davon gesteuert wurde. Der Verstand wurde einfach umgangen. Da freuten sich die Pferde: Endlich drückt er sich mal verständlich aus! Am nächsten Tag war dieses unmittelbare Bild aber nicht mehr da. Peer versuchte nur noch das nachzumachen, was er den Tag zuvor gemacht hatte. Man könnte auch sagen: Seine Körpersprache drückte nicht mehr das primäre Bild aus, also den eigentlichen Geistesblitz, sondern nur eine Kopie davon. Und eine Kopie ist nun mal nicht das Original.
Jetzt kann man nicht absichtlich spontane Ideen produzieren, aber man kann sich gegenseitig Aufgaben stellen. Am besten so, dass der Aufgabensteller diese gemeinsam mit seinem Pferd vormacht und der andere sie dann nachmachen muss. Damit hat der Nachmacher dann ein konkretes, spontanes Bild, das zwar nicht von innen kommt, sich aber immerhin den Umweg über den Verstand erspart.
Der Vorteil für die Pferde ist, dass sie nichts auswendig Gelerntes abspulen sollen, dass der Mensch einen sehr starken Fokus hat, und dass es nicht um langweiliges Dressieren, sondern um echte Kommunikation geht. Alles wird zu einer Rätselaufgabe, die das Potenzial hat, unsichere Pferde zu konzentrieren und sichere Pferde zu interessieren.

... ein anderer macht es nach.

QUALITÄTSSICHERUNG

Als Pferdemensch haben Sie es nicht leicht. Pferde können uns Menschen so viel besser und natürlicher lesen als wir sie. Da ist es ein Glück, dass Sie an unser Buch geraten sind, damit Sie dieses Ungleichgewicht des Gedankenlesens zu Ihren Gunsten wenden können. Doch nicht nur beim Pferdelesen, auch beim Pferdelehren bräuchte man immer einen großen Vorsprung. Denn jedenfalls vom Standpunkt der Motivation aus gesehen, ist Stillstand gleich Rückschritt.
Wir sind beide noch nie große Videospiel-Zocker gewesen, doch für Tetris auf dem Gameboy hat es gereicht. Bei Videospielen gibt es bekanntlich viele Schwierigkeitsstufen. Es dauert lange, bis man Level 1 geschafft hat, aber nach einer gewissen Zeit spielt man Level 1 nicht mehr. Es ist langweilig geworden, weil es zu leicht ist.
Der Effekt ist der gleiche, wie bei einem hochbegabten Kind in der normalen Schule. Es wird nicht besser, sondern schlechter. Der Anreiz fehlt.
Obwohl es stressig ist, wollen wir oft lieber Herausforderungen, als zu ruhiges Fahrwasser. Dieser Effekt greift bei Mensch und Pferd gleichermaßen.
Versuchen Sie also, nicht stehenzubleiben. Sie müssen dafür nicht ständig neue Übungen parat haben, aber suchen Sie nach bestimmten Qualitäten oder auch Quantitäten einer Übung, die Sie fördern können. Als Erstes bietet sich da immer die Feinheit an. Können Sie noch leichter anfragen, kann das Pferd noch feiner und weicher reagieren? Danach verlängern Sie die Aufgabe. Machen Sie aus zwei Rückwärtsschritten vier und aus vier acht. Auch höhere Präzision ist eine erstrebenswerte Qualität, etwa bei Hindernissen. Die Geschwindigkeit oder die Kraft, mit der das Pferd sich bewegt und überhaupt die körperliche Ausdauer, sind bei den meisten Pferden ebenfalls nicht schwer zu steigern. Solange man dabei im Rahmen ihrer Möglichkeiten bleibt (Ist es sinnvoll? Ist es möglich? Ist es gerecht?)!

Auch auf diese Weise kann man die Quantität erhöhen.

EIN PAAR WORTE ZUM SCHLUSS

Unsere kleinschrittige und penible Art, das Lernen und Lehren mit den Pferden zu erklären, mag manch einem übertrieben vorkommen. Doch es ist ebenso spannend wie notwendig, jedenfalls, wenn man ein aufrichtiges Interesse daran hat, Pferde zu verstehen. Bestimmt gibt es den einen oder anderen auch unter Ihnen, der sich denkt: „Das ist ja alles schön und gut, aber ich möchte gar kein Tierpsychologe sein und ich will ja gar nicht die ganze Zeit versuchen den emotionalen Zustand meines Pferdes irgendwie zu beeinflussen. Ich will doch einfach nur Ausreiten gehen, in der Bahn arbeiten, longieren oder einfach eine schöne Zeit mit meinem Pferd verbringen." Das ist auch verständlich.

Nur, wenn Sie wissen, was Sie tun, werden Sie bekommen, was Sie sich wünschen!

Allerdings übersieht man dabei ein wichtiges Detail. Denn, ob Sie Ihr Pferd beeinflussen wollen oder nicht, spielt überhaupt keine Rolle!
Sie tun es ohnehin. Ab dem Moment, in dem Sie in den Stall kommen bis zu dem Moment, in dem Sie wieder nach Hause fahren. Sie tun es mit Ihrem Pferd und mit jedem anderen, zu dem Sie irgendeinen Kontakt haben. Darauf haben Sie keinen Einfluss.
Worauf Sie allerdings Einfluss haben, ist, in welche Richtung Sie Pferde beeinflussen. Und damit Sie in Zukunft Ihren Einfluss sehr viel positiver gestalten können, dafür haben wir dieses Buch für Sie geschrieben.
Nutzen Sie Ihr neues Wissen sinnvoll. Denn eines ist sicher: Den Pferden ist es am Ende egal, was Sie getan haben, wichtig ist, wie sie sich dabei gefühlt haben.

SERVICE

— *zu guter Letzt*

ZUM WEITERLESEN

Aguilar, Alfonso: **Professionelle Ausbildung am Boden**, … für jedes Alter, für jede Rasse; Edition WuWei bei KOSMOS 2014
Für Alfonso Aguilar ist die Bodenarbeit ein wichtiger Teil in der Pferdeausbildung. Sein schrittweise aufgebautes Buch zeigt Übungen für jedes Pferdealter – vom ersten Aufhalftern bis zu anspruchsvollen Lektionen an der Doppellonge. Eine „Roadmap" hilft, den eigenen Trainingsstand zu bestimmen und die individuellen Ausbildungsschritte mit dem eigenen Pferd zu gehen.

Gillian Higgins: **Anatomie verstehen – gesundheitsfördernd reiten**; KOSMOS 2017
Das neue Buch von Gillian Higgins beschreibt die Ausbildung von Pferden und die einzelnen Dressurlektionen und Springübungen aus anatomischer und biomechanischer Sicht. Erstmals wird auch die Anatomie des Reiters miteinbezogen. Praktische Übungen zur Verbesserung der Beweglichkeit, Körperhal tung und Stabilität bringen Pferd und Reiter in die Losgelassenheit und Balance, verringern Muskelprobleme und reduzieren das Verletzungsrisiko.

Konnerth, Tania: **10 Wege zu meinem Pferd**, Wie Mensch und Pferd glücklich zueinander finden; KOSMOS 2018
Tania Konnerth stellt die zehn Grundprinzipien vor, die für ein glückliches Miteinander von Mensch und Pferd unerlässlich sind – von Respekt und Verstehen bis zu Führung und Freude. Sie argumentiert nicht mit erhobenem Zeigefinger, sondern einfühlsam und lebensnah, und hilft mit einfachen Übungen, die eigene Haltung dem Pferd gegenüber zu reflektieren und zu ändern. Das Buch bietet überraschende Denkanstöße für erfahrene Pferdemenschen genauso wie für Einsteiger und macht mit vielen emotionalen Fotos sichtbar, welch enge Verbindung zwischen Mensch und Pferd möglich ist.

Kreinberg, Peter: **Trainingsbuch Westernreiten**, Grundausbildung Gymnastizierung Trail & Gelände; KOSMOS 2016
Peter Kreinbergs umfangreiches Ausbildungskonzept für Westernreiter. Durch dieses werden Pferde zu gelassenen Westernpferden. Das Buch veranschaulicht durch hunderte Fotos die korrekte Hilfengebung und begleitet Pferd und Reiter von der Grundausbildung bis hin zu Aufgaben für Fortgeschrittene.
Auch als E-Book erhältlich.

Masterson, Jim, mit Reinhold, Stefanie: **Körperarbeit für Pferde**; Locker, entspannt, gelöst mit der Masterson-Methode; Edition WuWei 2018
Jim Masterson löst mit seiner Art der Körperarbeit und Massage tiefe Verspannungen beim Pferd und bringt es in einen ganzheitlich entspannten Zustand. In vielen Detailaufnahmen werden die einzelnen Handgriffe und speziellen Anwendungsgebiete gezeigt, so dass jeder Reiter sein Pferd individuell behandeln kann. So lockern sich körperliche und seelische Spannungen, und als zusätzlicher positiver Nebeneffekt vertieft sich die Beziehung des Menschen zu seinem Pferd.

Müller, Karin: **HippoSophia**, Warum Pferd und Mensch sich gut tun; KOSMOS 2016
Wer schon einmal in einem Pferdestall war und die friedliche Atmosphäre spüren konnte, weiß: Pferde und ihr Umfeld tun uns gut. Wir stärken und entwickeln uns durch die Pferde, doch wir können ihnen auch viel geben, sodass ein gegenseitiges Fördern und Wachsen entsteht. Wie der Stall ein Ort der Heilung werden kann und welche Rolle Mensch und Pferd dabei spielen, wird in diesem Buch erstmals tiefgehend beschrieben und wissenschaftlich belegt.

Obst, Katrin: **Fitnessstudio für mein Pferd**; KOSMOS 2018
Faszientraining, Muskelaufbau, Balance und Koordination – mit diesem umfassenden und abwechslungsreichen Physioprogramm für Pferde gelingt es, Verspannungen, Rückenleiden und anderen Beschwerden gezielt vorzubeugen.
Das Ganzkörpertraining der erfahrenen Pferde-Physiotherapeutin Katrin Obst stärkt die Tiefenmuskulatur, verbessert die Beweglichkeit und hilft, Blockaden und Muskelprobleme zu vermeiden. Alle Übungen und Parcours werden detailliert beschrieben, sodass das Training auch ohne professionelle Assistenz durchgeführt werden kann.

Rashid, Mark: **Jedes Pferd verdient eine Chance**, Wie schwierige Pferde zu guten Reitpferden werden; KOSMOS 2018
Nicht jedes Pferd hat das Glück, mit Geduld und sanfter Hand an ein Leben als Reittier gewöhnt zu werden. Viele Pferde erfahren schon in den ersten Lebensjahren Gewalt und werden dem Menschen gegenüber misstrauisch, manche sind sogar nahezu unreitbar. Mark Rashid zeigt einen Weg, mit diesen Pferden umzugehen, ihre Sichtweise zu verstehen und für jedes Tier ein individuell passendes Training zu entwickeln. Rashids neues Buch ist praktischer Ratgeber und zugleich unterhaltsamer Lesestoff für die große Fangemeinde des sympathischen Horseman aus Colorado.

Royer, Diana: **Übungen für Westernreiter;** KOSMOS 2019
Westerntrainer sind rar und Kurse teuer. Deshalb üben Reiter meist alleine mit ihrem Pferd. Ausbilderin Diana Royer hat aus ihrer täglichen Arbeit mit Mensch und Pferd jede Menge Ideen und Übungsvorschläge für die eigene Trainingsstunde gesammelt.
Das Besondere: Je nach Ausbildungsstand von Pferd und Reiter sind Übungen vorgesehen, die aufeinander aufbauen und ermöglichen, sich die nächste Ausbildungsstufe selbst zu erarbeiten.

Schöpe, Sigrid: **Zirkustricks mit Pferden,** Gymnastizieren, Motivieren, Partnerschaft stärken; KOSMOS 2018
Zirkusarbeit begeistert! Ob Spanischer Schritt, Knien, Verbeugen oder Decke ausziehen – das Einüben bringt Abwechslung in den Trainingsalltag und sorgt für eine gehörige Portion Spaß und Motivation bei Pferd und Reiter. Der einzige Fotoratgeber zum Thema!

Tellington-Jones, Linda mit Bobby Lieberman: **Tellington Training für Pferde,** Das große Lehr- und Praxisbuch; KOSMOS 2018
In diesem Lehr- und Praxisbuch stellen die Autorinnen neue Ausbildungswege an schwierigen und verstörten Pferden dar. Hierbei bringt sie ihre jahrzehntelange Erfahrung ein, um eine harmonische Bindung zwischen Mensch und Pferd zu schaffen.

Van de Kasteele, Ilja: **Was denkt mein Pferd?** Fotoratgeber; KOSMOS 2017
Was denkt mein Pferd? Das ist die Frage, die jeden Pferdefreund brennend interessiert. Der erfahrene Pferdemann Ilja van de Kasteele zeigt mit vielen Fotos und kurzen Texten, was Pferden wichtig ist. Mit etwas Übung kann man leicht die Wünsche und Bedürfnisse des Vierbeiners erkennen. Das macht es einfach, das eigene Verhalten so anzupassen, dass auch das Pferd den Menschen versteht und beide respekt- und vertrauensvoll miteinander umgehen.

Wendt, Marlitt: **Was fühlt das Reitpferd?** Signale richtig deuten, Partnerschaft verbessern; KOSMOS 2018
Jeder Reiter kennt das Gefühl: Irgendwie will mein Pferd nicht so wie ich. Aber was bedeuten die Signale und wie reagiert man richtig? Die bekannte Verhaltensbiologin Marlitt Wendt führt ein in die komplexen Ausdrucks- und Gefühlswelt des Pferdes und hilft, seine Reaktionen besser zu verstehen. Mithilfe einer detaillierten Fotoanalyse schult sie die Sensibilität das Reiters und zeigt, wie man Mimik und Verhalten richtig deutet. So schafft das Buch die Grundlage für ein vertrauensvolles, stressfreies Miteinander und nimmt dem Reiter das unangenehme Gefühl, sein Pferd nur zu „benutzen".

Wild, Jenny: **Von Pferden lernen, sich selbst zu verstehen;** KOSMOS 2014
Pferde geben uns in allen Situationen ein direktes, unmittelbares und unverfälschtes Feedback. Das gibt uns die Möglichkeit, sehr viel über uns zu lernen. Dieses Buch erklärt die Prinzipien des Natural Horsemanship und ist angereichert mit praktischen Beispielen aus dem Alltag mit Pferden. Es verhilft zu einem Gefühl der Harmonie, Sicherheit und Freiheit im Umgang mit Pferden.

Wild, Jenny / Claßen, Peer: **Übungsbuch Natural Horsemanship;** KOSMOS 2015
Pferde sind von Natur aus nicht für die moderne Welt der Menschen geschaffen: Lärm und Hektik, wenig Platz – all das verängstigt sie. Es liegt in der Verantwortung des Menschen, dem Pferd Sicherheit und Vertrauen zu geben, so dass die gemeinsamen Unternehmungen harmonisch ablaufen können. Das Rüstzeug hierfür bietet dieses Buch: Es enthält alle grundlegenden Übungen der Kommunikation mit Seil und Halfter, erklärt, wie ich mein Pferd sicher vorwärts, rückwärts und seitwärts bewege. Ebenso das Anhalten, Richtung ändern und Hindernisse überwinden mit und ohne Seil.
So lernen Mensch und Pferd, wie Klarheit beim gemeinsamen Tun zu einer tiefen Verbindung führt.

Wild, Jenny / Claßen, Peer: **Sicher & frei reiten mit Natural Horsemanship;** KOSMOS 2017
Entspannt die Freizeit im Sattel genießen, das wünschen sich die meisten Reiter. Die Methode Natural Horsemanship bietet noch mehr, nämlich freies Reiten in der Natur bei maximaler Sicherheit. Dieses praktische Trainingsbuch zeigt, wie es funktioniert. Die Autoren übertragen alle wichtigen Übungen des Natural Horsemanship vom Boden in den Sattel. Vertrauensaufbau und Scheutraining lassen Pferd und Reiter zu Gelassenheit und Harmonie finden. Mit zehn Filmen zu den wichtigsten Übungen auf der KOSMOS-PLUS-APP.

Wilsie, Sharon / Vogel, Gretchen: **Sprachkurs Pferd,** Pferdesprache lernen in 12 Schritten; KOSMOS 2018
Jedes Zucken von Ohr oder Nüster, jede Bewegung des Pferdes hat eine Bedeutung. Pferde reden mit uns, doch die meiste Zeit übersehen wir diese Signale. Mit diesem Übersetzungshelfer lernen wir, die Sprache unserer Pferde zu verstehen und uns mit ihnen so zu unterhalten, dass sie unsere Wünsche verstehen und sich verstanden fühlen.

NÜTZLICHE ADRESSEN

Jenny Wild und Peer Claßen
Jenny-wild@peer-classen.de
Peer-classen@peer-classen.de
www.peer-classen.de
www.facebook.com/Peer-und-Jenny-NATÜRLICH-ERFOLGREICH-MIT-PFERDEN-185689374817782

DANK

Ein Dankeschön an unsere Partner und Sponsoren, die uns für den Fototermin augestattet haben:

www.equimero.de
www.carhartt-europe.com
www.cayuse.de
www.packsattel-baron.de
www.wayoutwest.de
www.balanced-horseman-shop.de

REGISTER

K

L

M

N

P

R

S

PERSONENREGISTER

☞ DIE AKTEURE

Amy, geb. 2008

Lex, geb. 2008

Micky, geb. 2008

Sally, geb. 2011

Paul, geb. 1988

Bolero, geb. 1990

Paquita, geb. 2010

Simsa, geb. 2012

Aenny Lucky Punc, geb. 2008

Mauritz, geb. 1996

Fritz, geb. 2007

Jupiter, geb. 2008

DS Joechiefs Easy Jet, geb. 2016

Timed, geb. 1996

Sheza Girl on Fire, geb. 2018

BILDNACHWEIS

123 Fotos wurden von Gabriele Metz / Kosmos für dieses Buch aufgenommen.

Weitere Farbfotos von Karen Gutschank (9): S. 23, 24, 37 u., 83, 84, 152, 162, 164, 191; Henrik Helmutson (2): S. 126, 127; Alison Marburger (5): S. 34, 55, 95, 124, 187; Katrin Obst (1): S. 15; Madith Pauwels (2): S. 64, 118; Sandra Reitenbach / Kosmos (1): S. 5; Vincent Rothe (2): S. 44 o., 171; Horst Streitferdt / Kosmos (33): S. 14 u., 80, 93, 94, 104, 105, 108, 109, 130, 131, 135, 136 u. li., re., 139 u. li., re., 142 o. li, re., 144, 145, 148, 149, 156 u., 167 o., u., 177, 178, 179, 181, 192, 193, 194, 196/197, 203; Ann-Christin Vogler (1): S. 6/7; Justin Wiedemann (2): S. 91, 122; Bea Wild (2): S. 76, 195; Jenny Wild / Peer Claßen (35): S. 10, 16, 20, 27, 32, 33 o., 37 o., 41, 42 o., mi., 43, 56, 57, 59, 63, 68 li., re., 71 o., 72/73, 74/75, 82, 101, 103, 112, 113, 115, 140, 141, 143 li., re., 163, 166, 185; Marion Winkelhahn (2): S. 21, 36; Andrea Wolf, Wolfsmomente (1): S. 175; Norbert Wolff Baron (1): S. 174 u.

Mit 19 Illustrationen von Peer Claßen. Weitere Illustrationen von Tina Claßen (1): S. 158

IMPRESSUM

Umschlaggestaltung von GRAMISCI Editorial Design, Cornelia Sekulin, München unter Verwendung von zwei Farbfotos von Gabriele Metz / Kosmos

Mit 221 Farbfotos und 20 Farbillustrationen

Alle Angaben und Methoden in diesem Buch sind sorgfältig recherchiert, erwogen und geprüft. Sie entbinden den Pferdefreund nicht von der Eigenverantwortung für sein Tier und sich selbst. Die Anwendung der beschriebenen Methoden liegt in eigener Verantwortung. Der Verlag und die Autoren übernehmen keine Haftung für Personen-, Sach- oder Vermögensschäden, die aus der Anwendung der vorgestellten Materialien und Methoden entstehen.

Unser gesamtes Programm finden Sie unter **kosmos.de**.
Über Neuigkeiten informieren Sie regelmäßig unsere Newsletter, einfach anmelden unter **kosmos.de/newsletter**

Gedruckt auf chlorfrei gebleichtem Papier

ISBN 978-3-440-15717-6
Redaktion: Alexandra Haungs
Gestaltungskonzept: Peter Schmidt Group GmbH, Hamburg
Gestaltung und Satz: Atelier Krohmer, Dettingen/Erms
Produktion: Hanna Schindehütte, Claudia Frank
Druck und Bindung: Westermann Druck Zwickau GmbH, Zwickau
Printed in Germany / Imprimé en Allemagne